科學少年學習誌　　　編／科學少年編輯部

科學閱讀素養
理化篇 1

遠流

科學少年 學習誌
科學閱讀素養 理化篇 1　目錄

課程連結表

文章主題	文章特色	搭配108課綱（第四學習階段 — 國中）	
		學習主題	學習內容
聰明玩「油」戲	介紹油脂依脂肪酸之間鍵結不同，可區分為飽和脂肪酸與不飽和脂肪酸等，以及測量油脂是否變質最簡單方法是測量酸價。	物質的反應、平衡及製造（J）：有機化合物的性質、製備及反應（Jf）	Jf-IV-2生活中常見的烷類、醇類、有機酸及酯類。
測速照相：再快都抓得住！	文章中提到：速度、頻率、波長、波的反射、都卜勒效應等內容，可配合相關課程做為延伸學習內容。	自然界的現象與交互作用（K）：波動、光及聲音（Ka）	Ka-IV-4聲波會反射，可以做為測量、傳播等用途。 Ka-IV-8透過實驗探討光的反射與折射規律。
好吃又好玩：彩色涼麵	文章中提到花青素和類黃酮色素遇酸、遇鹼的顏色變化等內容，具有深度及豐富度，可配合相關課程做為延伸學習。	交互作用（INe）*	INe-III-5常用酸鹼物質的特性，水溶液的酸鹼性質及其生活上的運用。
		物質的反應、平衡及製造（J）：酸鹼反應（Jd）	Jd-IV-3 實驗認識廣用指示劑及pH計。
家庭用電小學堂	文章中提到交流電、直流電、電力的輸送、家庭中的插座類型和用電安全等內容，可配合相關課程做為延伸學習。	自然界的現象與交互作用（K）：電磁現象（Kc）	Kc-IV-6環形導線內磁場變化，會產生感應電流。
		科學、科技、社會及人文（M）：科學、技術及社會的互動關係（Ma）	Ma-IV-4各種發電方式與新興的能源科技對社會、經濟、環境及生態的影響。
夢幻漸層飲品——蝶豆花茶	文章中提到：電解質、酸鹼值、拉瓦節、氫氟酸、氫元素、酸類、鹼類、鹽類、解離、酚紅、酚酞、pH值、紅藍石蕊試紙、酸鹼指示劑、廣用指示劑等內容。	交互作用（INe）*	INe-III-5常用酸鹼物質的特性，水溶液的酸鹼性質及其生活上的運用。
		物質的反應、平衡及製造（J）：酸鹼反應（Jd）	Jd-IV-3 實驗認識廣用指示劑及pH計。。
光影調色盤——彩色影子	文章中提到：光的三原色、光與影、視差、立體視覺等內容，可配合相關課程做為延伸學習。	自然界的現象與交互作用（K）：波動、光及聲音（Ka）	Ka-IV-11物體的顏色是光選擇性反射的結果
讓電池Level Up——石墨烯	文章中提到由碳原子組成不同結構的材料、石墨烯的發現和相關應用等內容，具有深度和廣度，可配合相關課程做為延伸學習。	能量的形式、轉換及流動（B）：能量的形式與轉換（Ba）	Ba-IV-4電池是化學能轉變成電能的裝置。
		資源與永續發展（N）：能源的開發與利用（Nc）	Nc-IV-2開發任何一種能源都有風險，應依據證據來評估與決策。
熱情繽紛——奇幻的熱致變色	文章中提到：熱、顏色、鐵、溫度、原子、電子、物質、能量、光、可見光、白光、化學結構、有機化合物、液晶、電量、電阻、碳粉等內容。	能量的形式、轉換及流動（B）：溫度與熱量（Bb）	Bb-IV-5熱會改變物質形態，例如：狀態產生變化、體積發生脹縮。
		物質的組成與特性（A）：物質的形態、性質及分類（Ab）	Ab-IV-2溫度會影響物質的狀態。

*為國小課綱

導讀 科學 × 閱讀二

閱讀是人類學習的重要途徑，自古至今，人類一直透過閱讀來擴展經驗、解決問題。到了 21 世紀這個知識經濟時代，掌握最新資訊的人就具有競爭的優勢，閱讀更成了獲取資訊最方便而有效的途徑。從報紙、雜誌、各式各樣的書籍，人只要睜開眼，閱讀這件事就充斥在日常生活裡，再加上網路科技的發達便利了資訊的產生與流通，使得閱讀更是隨時隨地都在發生著。我們該如何利用閱讀，來提升學習效率與有效學習，以達成獲取知識的目的呢？如今，增進國民閱讀素養已成為當今各國教育的重要課題，世界各國都把「提升國民閱讀能力」設定為國家發展重大目標。

另一方面，科學教育的目的在培養學生解決問題的能力，並強調探索與合作學習。近年，科學教育更走出學校，普及於一般社會大眾的終身學習標的，期望能提升國民普遍的科學素養。雖然有關科學素養的定義和內容至今仍有些許爭議，尤其是在多元文化的思維興起之後更加明顯，然而，全民科學素養的培育從 80 年代以來，已成為我國科學教育改革的主要目標，也是世界各國科學教育的發展趨勢。閱讀本身就是科學學習的夥伴，透過「科學閱讀」培養科學素養與閱讀素養，儼然已是科學教育的王道。

對自然科老師與學生而言，「科學閱讀」的最佳實踐無非選擇有趣的課外科學書籍，或是選擇有助於目前學習階段的學習文本，結合現階段的學習內容，在教師的輔導下以科學思維進行閱讀，可以讓學習科學變得有趣又不費力。

素養＋樂趣！

撰文／陳宗慶

我閱讀了《科學少年》後，發現它是一本相當吸引人的科普雜誌，更是一本很適合培養科學素養的閱讀素材，每一期的內容都包括了許多生活化的議題，涵蓋了物理、化學、天文、地質、醫學常識、海洋、生物……等各領域有趣的內容，不但圖文並茂，更常以漫畫方式呈現科學議題或科學史，讓讀者發覺科學其實沒有想像中的難，加上內文長短非常適合閱讀，每一篇的內容都能帶著讀者探究科學問題。如今又見《科學少年》精選篇章集結成有趣的《科學閱讀素養》，其內容的選編與呈現方式，頗適合做為教師在推動科學閱讀時的素材，學生也可以自行選閱喜歡的篇章，後面附上的學習單，除了可以檢視閱讀成果外，也把內文與現行國中教材做了連結，除了與現階段的學習內容輕鬆的結合外，也提供了延伸思考的腦力激盪問題，更有助於科學素養及閱讀素養的提升。

老師更可以利用這本書，透過課堂引導，以循序漸進的方式帶領學生進入知識殿堂，讓學生了解生活中處處是科學，科學也並非想像中的深不可測，更領略閱讀中的樂趣，進而終身樂於閱讀，這才是閱讀與教育的真諦。 科

作 者 簡 介

陳宗慶　國立高雄師範大學物理博士，高雄市五福國中校長，教育部中央輔導團自然與生活科技領域常務委員，高雄市國教輔導團自然與生活科技領域召集人。專長理化、地球科學教學及獨立研究、科學展覽指導，熱衷於科學教育的推廣。

聰明玩「油」戲

每天的飲食中，總是少不了油，然而油究竟是什麼組成的呢？油的變質又是怎麼回事？要如何檢驗呢？

撰文 / 高憲章

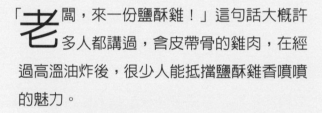

「**老**闆，來一份鹽酥雞！」這句話大概許多人都講過，含皮帶骨的雞肉，在經過高溫油炸後，很少人能抵擋鹽酥雞香噴噴的魅力。

什麼是油呢？

大部分油炸類的食物都有非常強烈的香氣，再加上油炸後金黃酥脆的外皮口感特佳，讓人食指大動。因為油品的比熱低，沸點又比水高得多，所以我們將油鍋加熱時，能夠很快升溫並保持很高的溫度，當食材在高溫的油中翻滾的時候，水分很快的從外皮流失，而內部在炸熟的過程中相對保持較多的水分，所以會得到外酥內嫩的口感。

不同種類的油，能夠賦予食物不同的香味，芝麻油、沙拉油、橄欖油的香味通通不

繪圖 ‥ Uncle Alvin

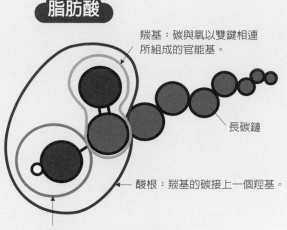

脂肪酸

羧基：碳與氧以雙鍵相連所組成的官能基。

長碳鏈

酸根：羧基的碳接上一個羥基。

羥基：氧與氫相連所組成的官能基。

● 碳原子　● 氧原子　○ 氫原子

子，但這二個氧原子環境卻不太一樣，其中一個氧連接著碳原子和氫原子；另一個氧原子則以雙鍵與碳相連，鍵結距離比較短，而且沒有其他的原子連接在另一邊。一個碳連接這二種氧的這種末端結構組合就稱為酸根，有著長尾巴碳鏈與酸根的化合物，就叫做脂肪酸。在酸根上的那個氫很容易跑掉，而且愈是容易分解出這個氫原子的，具有愈強的酸性。

如果把許多脂肪酸放在一起，因為長長的碳鏈尾巴形狀相近，它們可能會排得整整齊齊，可是如果丟到水裡去，水分子可是完完全全跟這種長條狀的東西長得不一樣，因為物以類聚的關係，這些長碳鏈的分子會靠在一起，形成長碳鏈一區，水分子一區的局面。長碳鏈這區就是所謂的疏水端，這也是為什麼油跟水不會混合的原因。

至於另外一頭的酸根，有氧又有氫，某些角度看起來跟水還真像，所以當脂肪酸的長碳鏈在想辦法離水愈遠愈好的時候，這一側的酸根反而想跟水靠近，所以常看到一整排的脂肪酸排得整整齊齊的，或是所有的長碳鏈被包在中間，酸根圍了一圈在外圍的微胞結構。

同，也各有其適合的烹飪方式。不過，這些食用油的成分到底是什麼？

大部分的食用油，除了維生素、礦物質等少量的營養成分以外，主要的組成都是一種稱為「三酸甘油酯」的成分，把這個奇特名稱拆開來看：前二個字是「三酸」，簡單的說就是總共有三個脂肪酸；其次是「甘油」，這可不是那個營養食品魚肝油，而是一種叫做丙三醇的化合物；最後的尾巴是「酯」，這是一種具有酯類官能基的特殊有機分子的分類。綜合起來，三酸甘油酯就是三個脂肪酸與一個甘油組合在一起的酯類化合物，這種化合物是中性的，完全由碳、氫、氧這三個元素所組成。那麼，這三個元件各自有什麼特色呢？

長尾巴的脂肪酸

第一種元件是脂肪酸，是一種帶著長碳鏈尾巴的酸類化合物，碳鏈的一頭有二個氧原

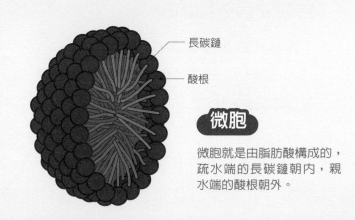

長碳鏈

酸根

微胞

微胞就是由脂肪酸構成的，疏水端的長碳鏈朝內，親水端的酸根朝外。

什麼是順式？什麼是反式？

雙鍵讓分子結構無法自由扭轉，因此又以雙鍵二邊的碳是否都在同一個區域來區分，
分成順式結構和反式結構二種類型。

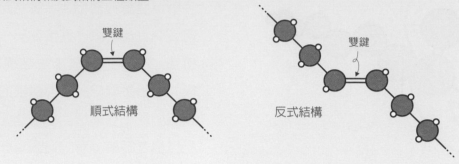

雙鍵

順式結構

雙鍵

反式結構

在脂肪酸長長的碳鏈上，還有一個不太一樣的地方，整個鏈上的氫似乎不是很平均的分布，有些碳之間少了二個氫，這二個碳中間的鍵結就叫做雙鍵。雙鍵的鍵長比較短，所以這二個碳被扯得比較靠近一些，這種有雙鍵結構的脂肪酸叫做「不飽和脂肪酸」，而脂肪酸上如果沒有任何雙鍵，就稱為「飽和脂肪酸」。

雙鍵無法像單鍵一樣任意旋轉角度，它就像個板子一樣，把雙鍵的上方和下方分成二個區域。如果這個雙鍵二邊的碳都在同一個區域的時候，我們稱這種結構叫做順式；如果在不同區域，就叫做反式。在自然的環境中，順式脂肪酸對身體比較好。

當甘油遇到脂肪酸

另一種連接脂肪酸的元件是甘油（丙三醇），它總共有三個碳，而且每個碳的尾巴各接了一個氧，氧的另一邊接了氫原子，擁有這個碳－氧－氫結構的

羥基 →

甘油

醇類：在碳原子上
有羥基的化合物。

化合物則統稱為醇類。

那甘油要怎麼跟脂肪酸結合成三酸甘油酯呢？當它們相遇時，甘油會脫去一個氫，脂肪酸的酸根則脫去尾巴的一部分，形成酯類，因此這個反應稱為「酯化反應」。由於二邊加起來剛好等於脫掉一個分子的水，因此也可以說醇類加酸類脫去一個水就是酯化反應。

一個甘油可以與三個脂肪酸進行酯化，一般來說，天然的脂肪中，連接在甘油上的這三個脂肪酸可能都不一樣，不過幾乎都是偶數個碳的脂肪酸，碳的數目以 16、18 和 20 最為常見。

回到我們使用的油，不管是芝麻油、大豆油、橄欖油或是葵花油，動物性油脂或是植物性油脂，最基本的組成一定都是三酸甘油酯，當我們把這些油吃下肚以後，三酸甘油酯就成為身體能量的重要來源，同時也是體內運輸脂肪最重要的化合

繪圖：Uncle Alvin

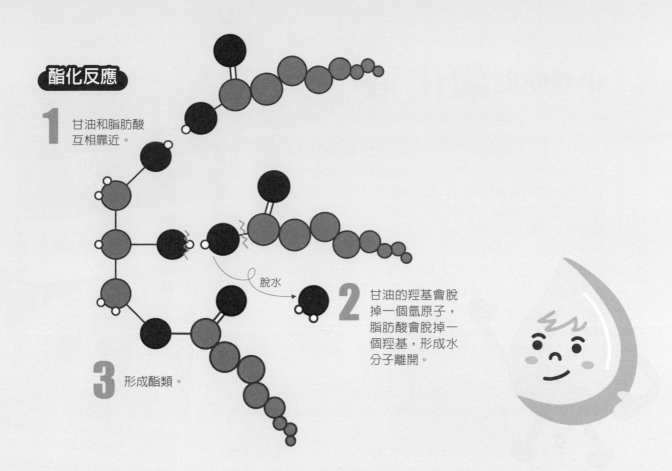

酯化反應

1 甘油和脂肪酸互相靠近。

脫水

2 甘油的羥基會脫掉一個氫原子，脂肪酸會脫掉一個羥基，形成水分子離開。

3 形成酯類。

物之一，它可以在小腸被分解回甘油和脂肪酸，然後運送到身體各部位被消耗掉，或者是在脂肪細胞內再度結合成三酸甘油酯儲存起來。

在人體內，三酸甘油酯的分解與再組合需要各種酵素協助，不過它偏偏是一個分解容易，合成困難的分子，費盡千辛萬苦讓甘油和脂肪酸脫水以後形成的酯類，既怕酸又怕鹼，不喜歡太熱而且也不喜歡長時間被光照，若是碰到上述這些情形，都可能造成原本的酯類水解，分解成原本的甘油和脂肪酸。一旦分解游離的脂肪酸愈來愈多，油的味道就會開始改變，也會開始變質。

對我們的消化系統而言，三酸甘油酯容易分解，但是脂肪酸就沒有那麼好消化，所以

食用油都有保存期限，也會在瓶裝上標明避光低溫保存，就是為了讓油能夠保持在穩定的狀態。

測量油中的酸價

既然油的分解就代表了變質，那要怎麼測量油脂變質的程度呢？關鍵就在於這些被分解出來的酸！只要我們能計算需要多少鹼才能中和油裡的酸，就能知道這個油品酸化的程度。中和一公克油脂中所含的游離脂肪酸，所用掉氫氧化鉀的毫克數，定義為「酸價」，依照政府的規定，食用油的酸價標準是 0.2 毫克以下。

想測量油品是否變質，首先得先認識會使用到的一種酸鹼指示劑「酚酞」，它在酸性

小心吃到酸化油

撰文／郭雅欣

認識了關於油的知識之後，轉頭看看路邊的鹽酥雞攤，好想知道他們用的油有沒有酸化？家裡用的油有時候也放得有點久，還安全嗎？2016 年的新北市「全民科學日」活動中，淡江大學的「化學下鄉」團隊邀請了 29 所新北市的國中，一起用科學的方法，來檢驗我們吃下的油。

要檢測油，最簡單的方法就是聞聞看囉！如果油炸品有「油耗味」，代表用的油不新鮮！對吧？既然如此，我們聞聞這幾種油吧！同樣是加熱過的沙拉油、橄欖油、椰子油、棕櫚油，它們的酸化程度相同，聞起來卻大異其趣。這是因為油耗味主要來自不飽和脂肪酸氧化產生的酮、醛、酸類物質，而以這四種油來說，沙拉油含有較多的多元不飽和脂肪酸，所以油耗味比其他三種油來得重。

油耗味代表油已經不新鮮了，但沒有油耗味不代表就是新鮮的油啊！還是用科學方法來測量「酸價」吧！以政府規定的食用油標準來說，酸價必須在 2 以下才是安全可食。

同學們收集了來自家裡廚房、炸雞攤商、小吃店、早餐店等地方的油，有些是新鮮的油，有些則已經使用過了。接下來，同學們用滴定的方式，計算出樣本油的酸價。

我們統計了新北市 29 所國中上傳的油品酸價數據，結果非常令人震驚！

新鮮的油品酸價都落在 0.3~0.6 之間，是可以放心使用的，然而攤商與外食店家的油品酸價超標的比例卻高達 48％！另一方面，許多人家裡為了節省，都會使用回鍋油炒菜，這類回鍋油酸價超標的比例高達 43％！下次看到爸媽使用回鍋油，記得勸勸他們，可別為了省錢，把健康也賠進去囉！

看了這些統計結果，你是否也很想知道自己吃的油到底安不安全？但是在家裡怎麼做滴定實驗呢？別擔心！臺灣默克公司研發了專門測量油品酸價的試紙，只要用試紙簡單沾一下油，比對顏色，就可以知道大約的酸價了。

新北市中正國中的待測油品，有新鮮的，也有使用過的。從外觀明顯看得出顏色很不同。

聞聞看吧！不飽和脂肪酸含量較高的油品，比較容易有油耗味。

新鮮的油品滴定完成會呈現淡淡的粉紅色，用過油品由於本身顏色較深，和滴定液混合後會呈現偏橘色。

利用試紙沾取油品，再比對顏色表，就能一秒得知大約的酸價。

油裡還有什麼祕密？請密切注意大愛電視臺「生活裡的科學」節目。

攝影：郭雅欣

油還能吃嗎？滴定就知道！

滴定前，溶液呈現透明無色。

每滴進一些氫氧化鉀溶液就會出現粉紅色，但經搖晃混合後又會變成透明。

直到粉紅色不再消失，這時候就完成滴定囉。

看看用了多少氫氧化鉀溶液，就能算出油品的酸價囉！

的環境中是透明無色，在鹼性的環境中則會變成粉紅色。另外還需要用到二種有機溶劑乙醚與乙醇，讓油和酚酞能夠澈底分散。

　　先將油、乙醚、乙醇和酚酞全部混合成一杯溶液後，由於含有游離的脂肪酸，酚酞會呈現透明無色，此時慢慢滴入氫氧化鉀溶液，當酚酞的顏色從一開始的無色變成粉紅色的時候，就表示溶液中的酸已經被中和光光了，此時只要計算使用了多少氫氧化鉀，就能知道這個油品的酸價了！

　　油品中的三酸甘油酯酸化的現象，正是營養師呼籲盡量少吃油炸品的原因。即使油的品質再好，在長時間高溫的情況下，終究會慢慢的游離出脂肪酸。唯一避免油酸化的方法，就是勤於換油。現在市面上也已經有快速測量油品酸價的試紙，提供店家更方便的判定方式，下次吃油炸食品的時候，記得運用油品的知識，挑選好的店家，才是保護自己身體健康最好的方法！

作者簡介

高憲章　在淡江大學理學院科學教育中心擔任執行長，同時負責化學下鄉活動計畫，跟著行動化學車全臺跑透透，經由各種化學實驗與全臺各地的國中生分享化學的好玩與驚奇。因為個子很高，所以是名符其實的高博士。

圖片來源：高憲章

聰明玩「油」戲

高中化學教師　趙思天

關鍵字：1. 油脂　2. 脂肪酸　3. 油脂酸化

主題導覽

什麼是油脂？現代人講究養生、輕食，不輕易接觸到油，然而中華料理免不了煎、煮、炒、炸，每天三餐吃進肚子裡的油，其實不在少數。

我們常說油脂油脂，油與脂其實講的都是油脂類，只是狀態不同而已，油脂又稱為醯化甘油或醯化甘油酯，也稱為三酸甘油酯，所以脂肪嚴格來說，其實是脂肪酸酯類。

常溫下為固體的油脂（主要是動物性油脂），稱為脂（fat），像是常見的奶油、豬油、羊油等等，都是脂類，因此它們的正確名稱應該是牛脂、豬脂；另一方面，液體的油脂（主要是植物性油脂），稱為油（oil），常見的有沙拉油、橄欖油、葵花油、芥花油、魚油、花生油等等。

油脂的分類

油脂依照脂肪酸之間鍵結的不同，可區分為飽和脂肪酸與不飽和脂肪酸。飽和脂肪酸指的是脂肪酸的碳與碳之間，全部都是以單鍵相連，這類的油脂在常溫下是固態，以動物性油脂為大宗，但是植物性的椰子油與棕櫚油，常溫下也是固態，因此也隸屬於飽和脂肪酸行列；若脂肪酸的碳與碳之間，至少有一個雙鍵，則稱為不飽和脂肪酸，常溫下是液態，主要為植物性油脂，不過動物性的魚油，常溫下也是液態，屬於不飽和脂肪酸。

不飽和脂肪酸中，僅有一個雙鍵的，稱為單元不飽和脂肪酸，常見的有橄欖油、苦茶油、花生油、芝麻油、芥花油及堅果類等，有二個以上雙鍵者，則稱為多元不飽和脂肪酸，常見的有玉米油、大豆沙拉油、葵花油、紅花籽油、葡萄籽油及深海魚油等等。

為了讓上述內容更好了解，我們用以下整理來說明：

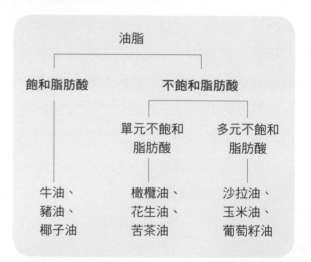

過量攝取的健康代價

飽和脂肪酸的碳與碳之間為單鍵，熔點比較低，不容易氧化變質，安定性較佳，常溫下為固態，人體食用過多易增加血液中的膽固醇含量，導致心血管疾病；而單

元不飽和脂肪酸碳與碳之間有一雙鍵，其餘為單鍵，化學性質及穩定性均較飽和脂肪酸差，常溫下為液體，多食用有助於降低血液中的膽固醇；多元不飽和脂肪酸其碳與碳之間有二個以上的雙鍵，化學性質及穩定性為脂肪酸中最低，常溫為液態，多食用有助降低罹患心血管疾病的風險。

現代人的飲食習慣和三、四十年前不同，以前的人擔心的是吃不飽、吃不夠，或是營養攝取不足；現代人則是營養過多，常造成身體負擔，許多兒童每天吃速食，喝含糖飲料，造成小小年紀就有肥胖困擾；根據衛福部的報告，每人每天油脂建議攝取量為 60～80g，但是我們從三餐中攝取的油量，加上其他像是鹹酥雞、薯條、洋芋片等零食，經常讓我們吃的油脂過量，一不注意一天就超過了 100g。再加上現代人大多是坐在電腦前工作，若是缺乏適量的運動，長久累積下來，身體就會產生疾病，現代文明病代謝症候群就因此而生。

檢測酸化油

一般的油脂製作完成後，就會裝入容器中販售，裝入的容器很多元，有塑膠桶、鐵桶、透明玻璃瓶、深褐色玻璃瓶等。若是保存過程中不夠嚴謹，造成油脂受熱或光線照射而產生氧化現象，將會導致油脂變質。油脂酸敗的原因除上述外，最主要的原因為油脂長時間高溫加熱，前幾年知名速食店的食安問題，就是將回鍋油過濾後再使用，雖然油脂看起來乾淨了，但是檢驗油脂的酸價，卻早已高達標準值的幾十倍到數百倍，根本就不能再用，但是業者為了節省成本，卻反覆使用回鍋油，直到被媒體踢爆。

要測量油脂是否已經變質，最簡單的方法是測量酸價，有些業者會使用試紙，但是有時候會不夠準確。標準測試方法是用酸鹼滴定法，將油脂放置於燒杯中，滴入酚酞約 0.5~1 毫升，再以氫氧化鉀（KOH）溶液進行滴定，最後計算油脂的酸化程度。正常油脂的酸價大約在一以下，如果測出來超過一，建議就不要再用了。

閱讀挑戰王

看完〈聰明玩「油」戲〉後，請你一起來挑戰下列的幾個問題。

答對就能得到👍，奪得 10 個以上，閱讀王就是你！加油！

（　　）1.下列敘述何者為非？（這一題答對可得到 2 個👍哦！）
　　　　①油品的比熱普遍比水低　②油品的沸點比水低
　　　　③將油與水混合後，油會浮在水面上　④以上皆是

13

（　）2.三酸甘油酯是由三個脂肪酸與一個甘油組成的酯類化合物，是屬於？（這一題答對可得到 2 個👍哦！）

①中性　②酸性　③鹼性　④二性物質

（　）3.三酸甘油酯共有幾個脂肪酸分子？（這一題答對可得到 1 個👍哦！）

①一個　②二個　③三個　④四個

（　）4.甘油的學名稱為？（這一題答對可得到 2 個👍哦！）

①丙醇　②乙二醇　③苯甲酸　④丙三醇

（　）5.脂肪酸有長碳鏈與酸根，這二部分對水有不一樣的特性，所以分別有不同的稱呼，以下敘述何者為是？（這一題答對可得到 2 個👍哦！）

①長碳鏈：疏水端　②長碳鏈：親水端　③酸根：疏水端　④以上皆非

（　）6.脂肪酸的碳鏈分子中，會有雙鍵與單鍵分子的碳—碳鍵結，以下敘述何者正確？（這一題答對可得到 2 個👍哦！）

①僅有一個雙鍵，稱飽和脂肪酸

②二個或二個以上雙鍵，稱飽和脂肪酸

③沒有雙鍵，稱單元不飽和脂肪酸

④有二個雙鍵，稱多元不飽和脂肪酸

（　）7.脂肪酸分子的官能基 -COOH，稱為？（這一題答對可得到 2 個👍哦！）

①苯基　②羧基　③羥基　④醛基。

（　）8.乙酸與乙醇二者等體積混合後，加上數滴濃硫酸後加熱，會生成一種有特殊香味的物質，此稱為？（這一題答對可得到 3 個👍哦！）

①乙醇乙酯　②乙酯乙醇　③乙酸乙酯　④乙酸乙醇

（　）9.下述四種油品在加熱時，何者最不容易氧化變質？（這一題答對可得到 1 個👍哦！）

①大豆油　②橄欖油　③豬油　④花生油

（　）10.要避免吃到酸化油的方法，下列何者為非？（這一題答對可得到 1 個👍哦！）

①少吃油炸食物　②盡量少吃鹹酥雞　③每次油炸食物前，油品先檢驗酸價　④使用低溫長時間與用不飽和脂肪酸油炸食物

延伸思考

1. 不同種類的油，能夠賦予食物不同的香氣，在食物經過高溫油炸後，為何容易有強烈的香氣吸引你的食慾呢？

2. 油脂與水互不相溶，然而加入乳化劑或是界面活性劑後，經過攪拌，會讓其中一方形成微粒狀，分散於另一方中而互相混合成為均勻狀態，乳液與沙拉醬等都是利用這個原理完成的，試說明乳化劑或界面活性劑在油水混合物中的反應機制為何？

3. 不飽和脂肪酸由於雙鍵不能自由轉動，分成順式脂肪酸與反式脂肪酸，其中順式脂肪酸是天然存在於油脂中，反式脂肪酸大多是人造合成的；由於奶油、豬油等順式脂肪酸為動物性，吃多會有膽固醇過高與心血管疾病，食品加工業者就利用高溫，將不飽和脂肪酸氫化為飽和脂肪酸，在製作餅乾、點心、麵包等的過程中加入，用以替代飽和脂肪酸，試問反式脂肪酸為何對健康比較不佳？

4. 油炸食物的壞處，其實不是出在食物本身，而是使用的油品，油品經過 180℃ 高溫及長時間油炸後，會開始變質，產生致癌物質。如果我們要吃油炸食物，又不想對身體造成負擔，你有沒有好的建議？

測速照相：
再快都抓得住！

路上的車都開好快，警察是如何測出每輛車的速度呢？

100

60

繪圖：曾建華

提起測速照相，很多駕駛人便氣得牙癢癢的，有時遇到筆直寬廣的路段，不小心開得太快，登時被「埋伏」在路旁的警察照相，過幾天罰單就寄到家裡來。一輛車時速究竟是 100 公里還是 120 公里，用肉眼實在很難分辨，那麼警察究竟是如何精確測量每輛車的速度，讓超速被罰的駕駛人信服呢？目前測速系統主要可分為感應線圈

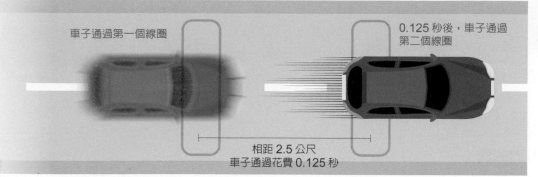

車子通過第一個線圈　　　　　　　　　　0.125 秒後，車子通過
　　　　　　　　　　　　　　　　　　　　第二個線圈

相距 2.5 公尺
車子通過花費 0.125 秒

**▶ 感應線圈式
測速照相**

由車子通過前後二線圈的
時間差推算速度。假若
二線圈相距 2.5 公尺，
車子通過所花費的時間是
0.125 秒，則可計算出車
速為 2.5 ÷ 0.125 = 20
公尺 / 秒，也就是時速
72 公里。

繪圖：黃榆儒

式、雷達式與雷射式三種，讓我們一一探究
背後的原理！

輾過就知道：
感應線圈式測速照相

　　感應線圈式測速的原理相當簡單，也是臺
灣平面道路上最普遍的測速系統。只要在鋪
路時一前一後埋設二個感應線圈，當車輛經
過線圈上方時，便會產生訊號。由於線圈的
距離為已知，所以只要測量車子經過二個線
圈的時間差，就知道車速了！

　　例如，線圈距離為 2.5 公尺，車子通過二
個線圈花了 0.125 秒，代表車速為每秒 20
公尺，也就是時速 72 公里，在平面道路上
已經嚴重超速了！這時，路旁與線圈連接的
照相桿會自動把違規車輛拍照記錄。

反射波會洩密：
雷達式測速照相

　　雷達則是一種利用無線電波偵測運動中物
體速度與移動方向的方法。雷達式測速照相

就是利用固定於地面的測速系統，對行進間
的車輛發射無線電波，藉由分析反射回來的
無線電波，就可以知道車子的速度！

　　如果對著一輛靜止的車子發射無線電波，
那麼被車子反射回去的電波，自然和發射出
去的一模一樣，測速系統接收到的反射波不
論是波長或頻率，都一分不多、一分不少。
然而，車子朝測速系統前進的時候，結果就
不一樣了！此時接收到的反射波頻率會比
原來大！波源（車子） 與接收者（測速系
統）間的相對運動，導致接收者觀察到的波
頻率、波長和波源發出的不同，這樣的物理
現象稱為「都卜勒效應」。生活中最常遇到
的實例就是，當救護車「喔伊喔伊」的朝自
己接近時，聲音比較高亢，然而一旦開始遠
離，聲音就會突然低沉下來。

　　根據都卜勒效應，車速愈快，測速系統接
收到的反射波頻率會愈高。系統會自動從發
射、接收的電波頻率換算出車速，一旦違
規，當然難逃法眼！

　　目前臺灣警方使用的雷達式測速裝置，可

救護車前方的聲波頻率較高

救護車靜止

救護車朝阿文前進

都卜勒效應

當救護車靜止時，發出的聲波平均往各方向傳播，此時阿文在任何地方聽到的聲音都是一樣的；但若救護車開往阿文的方向，阿文則會聽到頻率較高的聲音。

再細分為偵測到超速後自動照相的固定照相桿式，以及由警察手動操作，只有測速而無照相功能的手持式。順帶一提，其實手持式的雷達測速器，正是棒球比賽中經常用來測定投手球速的「測速槍」喔！

車潮中也抓得住你：
雷射式測速照相

雷射式和雷達式，雖然名稱相近，原理卻是大不同！雷射式測速是向行進間的車子發射紅外線雷射光束，測量光發出至反射回來需要的時間，換算出車子與測速器間的距離，再由不同時間量到的距離推算出汽車行進的速度。

舉例來說，如果對一輛車子發射光束，反射回測速器花了 8×10^{-7} 秒（沒錯，雷射測速器可以測量時間到那麼精確！），由於光速固定為每秒 3×10^{8} 公尺，可以算出車子

車子靜止

測速器收到的反射波和發射波完全一樣

雷達式測速照相

車子靜止時，測速器收到的反射波會和發射波完全一樣（上圖），若車子朝測速器前進，都卜勒效應將使得測速器收到的反射波較發射波頻率高、波長短（下圖），且車速愈快差別愈明顯。

車子行駛中

測速器收到的反射波比發射波頻率高、波長短

繪圖：黃榆儒

雷射光自發出到收到反射訊號花費了 8×10^{-7} 秒

雷射光自發出到收到反射訊號花費了 4×10^{-7} 秒

以雷射光進行第一次測量

1.5 秒後，再以雷射光進行第二次測量

車子行駛 1.5 秒

雷射式測速照相

藉由雷射光照到車子再反射回來的時間計算距離，再由距離變化得知行進速度。由於測得之反射時間為「去程」和「回程」的總時間，因此計算時要特別注意。

離測速器（$3 \times 10^8 \times 8 \times 10^{-7}$）÷ 2 = 120 公尺。在這裡為了簡化計算，我們假設光速比車速快很多（事實上也是這樣），因此雷射光打向車子再反射回來的時間極短，這段過程中車子幾乎沒有移動。

過了 1.5 秒，再測一次，發現反射只花了 4×10^{-7} 秒，表示車子和測速器之間的距離縮短為 60 公尺。也就是說，車子的行進速度為（120 - 60）÷ 1.5 = 40 公尺／秒，即時速 144 公里，即便是在高速公路上都超速太多啦！

雷射式測速和雷達式一樣，也有固定和手持二種裝置。和雷達式相比，雷射式藉由雷射光束集中的特性，可以精準對著車陣中的一輛車測速，比較常用在車流量大的路段。

測速器會出錯嗎？

「凡測量必有誤差」，測速照相也不例外。不論是雷射式或雷達式，都有一項致命缺點——理論上測速時，測速器都和車子在同一直線上，但現實生活中不可能在路中央擺設測速器，一定是架設在路旁，其中產生的角度差，就會影響測速的結果。現代的測速系統，多半有針對這點做修正，但以固定式照相桿為例，設置時可能調整成中間車道正確，但照相的角度固定下來後，左右兩邊的車道測速依然不準。

同時，利用反射來測量的雷達式和雷射式測速都會面臨障礙物的問題，例如測速過程中，測速器與車子之間突然飛進一隻小鳥，或是另一輛車經過，測速的過程便會被破壞。幸好目前的測速系統皆非「一試定生死」，而是藉由多次的測速減輕這類干擾的影響。

不管怎麼說，不要超速才是既能保障安全，又能遠離罰單的最好方法！ 科

作 者 簡 介

趙士瑋　目前任職專刊律師事務所，與科技相關的法律問題作伴。喜歡和身邊的人一起體驗科學與美食的驚奇，站上體重計時總覺得美食部分需要克制一下。

測速照相：再快都抓得住！

國中理化教師　吳重寬

關鍵字：1.速度　2.頻率　3.波長　4.波速　5.波的反射　6.都卜勒效應

主題導覽

　　自古以來人們對於速度的概念並不陌生，都知道速度的大小跟距離、時間有關。在 17 世紀時，義大利科學家伽利略曾經企圖利用測量音速的方法來測量光速，他和助理各帶著一盞罩上黑布的燈籠，在相距 1.5 公里遠的二個山頭上測量，助理在看見遠處山頭光線的同時，迅速打開燈籠，利用二次光線的時間差來測量光速。

　　結果，不管伽利略如何改變距離，因為當時的計時工具不甚精密，再加上光速實在是太快了，所以測出的時間差距極小，無法測出光速的大小，只知道光速很快，甚至可能是無限大。

　　拜現代科技所賜，我們對於速度快的物體已有方法可以準確的測量了。《科學少年》的〈測速照相：再快都抓得住！〉中，以如何測量汽車的速度為例，做了深入淺出的介紹。

　　目前的測速系統主要可分為三種：感應線圈式、雷達式和雷射式。

感應線圈式測速照相

　　相信大家都在國小的自然課中就學過速度的計算方法：速度＝距離 ÷ 時間（更嚴謹的定義在國中課程中會另有說明）。比方說你從家裡出發到學校花了 15 分鐘

（0.25 小時），所走的距離是一公里，那你的速度大小就是 1÷0.25=4 公里／小時。

　　感應線圈式測速照相的原理就是利用這個方法，在同一車道上埋設二組感應線圈，通常會位於路口停止線附近。因為二組線圈間隔距離是固定的，所以只要測得車子經過二組線圈的時間，就可以計算得知當時的車速了。例如：二個線圈距離為三公尺，車子通過二個線圈花了 0.12 秒，則可計算出車速為 3÷0.12=25 公尺／秒，也就是時速 90 公里。

　　附帶一提，測速照相主機和路口的紅綠燈訊號也有連結，當紅燈亮起之後，車子依序通過第一組和第二組線圈時，即會啟動相機拍照，在固定的間隔時間內拍攝二張照片，由相片中車子的相對位置去判斷是否有闖紅燈、越線，或是紅燈右轉等違規的情事。

雷達式測速照相

　　雷達式測速則是一種利用無線電波偵測運動中物體速度與移動方向的方法。要介紹這個方法之前，我們先來了解一種物理現象——「都卜勒效應」。

　　或許大家不知道什麼是「都卜勒效應」，但每個人在日常生活中應該都有「聽」過

「都卜勒效應」。例如：當火車鳴笛或救護車的警報聲一直朝著你接近時，你會發現到聲音不只是會愈來愈大聲而已，還會愈來愈高亢、愈來愈尖銳（即頻率變高，波長變短）；反過來，如果聲音來源逐漸遠離你的話，你聽到的聲音除了愈來愈小聲外，還會愈來愈低沉（即頻率變低，波長變長），這就是所謂的「都卜勒效應」。我們可以利用「都卜勒效應」在頻率上的變化去計算出物體移動的速度，它在醫學、氣象、天文等方面的應用也十分廣泛，有興趣的同學們，可以試著上網找找資料。

交通警察向行進中的車輛發射頻率已知的無線電波，同時測量反射波的頻率，根據反射波的頻率變化就能知道車輛的速度，一旦超出速限，就會立即啟動照相系統。另有一種手動操作，只有測速而無照相功能的手持式的雷達測速器，它就是棒球比賽中經常用來測定投手球速的「測速槍」喔！

雷射式測速照相

雷射式測速是向行駛中的車子發射紅外線雷射光束，當雷射光發射出去時，先記錄時間，等到雷射光被物體反射回來時，再記錄一次時間，計算時間差，換算出車子與測速器間的距離。而雷射式測速裝置以 15Hz 的頻率運作（每秒 15 次），1/15 秒之後發射第二道雷射光，由不同時間量到的距離去推算出汽車行進的速度。它的原理跟聲納探測距離很像，不同的是一個用來探測距離，另一個測量速度；一個使用的是聲波，另一個則使用光波。

舉例來說，當第一次雷射光發射出去後，經過 1×10^{-6} 秒後再反射回來，因為距離＝速度 × 時間，所以第一次雷射光來回所走的距離為 3×10^8 公尺／秒 × 1×10^{-6} 秒 ＝300 公尺，所以實際與車子的距離應該要除以二，得到 300÷2=150 公尺。（因為光速比車速快很多，因此在這段過程中我們假設車子幾乎沒有移動。）

經過 1/15 秒後，第二次雷射光再發出訊號偵測距離，經過 9.9×10^{-7} 秒後再被車輛反射回來，所以雷射光來回走的距離為 3×10^8 公尺／秒 × 9.9×10^{-7} 秒 ＝297 公尺，除以二得到 148.5 公尺，也就是說，經過 1/15 秒後，車子前進了 150 － 148.5=1.5 公尺，又速度＝距離 ÷ 時間，所以可以得到車速為 1.5÷（1/15）＝ 22.5 公尺／秒，換算成時速的話就是 81 公里／小時。

誤差的產生

不論是雷射式或雷達式，理論上測速器和車子都必須在同一直線上，但現實生活中不可能在路中央擺設測速器，一定是架設在路旁，其中產生的角度差，就會影響到測速的結果。現代的測速系統，多半有針對這點做修正。另外雷達式測速因無法鎖定特定車輛，所以通常依照距離或者是體積大小做為辨識順序，但二輛超速又體積大小相似的車並排行駛就難以辨識了，

此時就可以靠雷射式測速來輔助了，雷射光具有能量集中的特性，它可以在車陣當中鎖定某一輛車子進行測速，但大多無照相功能，所以國道警察多以測速攔停取締超速。

挑戰閱讀王

看完〈測速照相：再快都抓得住！〉後，請你一起來挑戰下列的幾個問題。

答對就能得到👍，奪得 10 個以上，閱讀王就是你！加油！

（　）1.試著用上文中的方法算算看，當你拿雷射式測速器測王建民的球速時，第一次接收到反射波的時間為 $1×10^{-7}$ 秒，過 1/14 秒後，測到第二次接收到反射波的時間為 $8×10^{-8}$ 秒，請問王建民這一球的球速為？（這一題答對可得到 3 個👍哦！）
①40 公尺／秒　②42 公尺／秒　③44 公尺／秒　④46 公尺／秒

（　）2.從〈測速照相：再快都抓得住！〉文章中可知，你所聽到高亢的聲音指的是聲音的哪一項性質變高了？（這一題答對可得到 3 個👍哦！）
①頻率　②波長　③音量　④速度

（　）3.不管是雷達式測速照相或是雷射式測速照相都是運用到波的那一項性質來計算出速度的？（這一題答對可得到 3 個👍哦！）
①反射　②折射　③干涉　④繞射

（　）4.有天志明開車接近春嬌的戶外演唱會會場，聽到從擴音器傳來春嬌的歌聲，他發現春嬌怎麼會變成如電影「走音天后」般的五音不全，原來是受到「都卜勒效應」的影響。請問春嬌原本唱 Sol 的音，志明聽到時變成？（這一題答對可得到 3 個👍哦！）
①Re　②Mi　③Fa　④La

延伸思考

1. 目前宇宙起源的各種學說中最讓人信服的理論就是「大霹靂」學說，其中最重要的根據就是「都卜勒效應」，試著找一下資料，「都卜勒效應」是提供什麼樣的證據給「大霹靂」學說呢？

2. 光速的測量在光學的發展史上具有非常特殊而重要的意義，試著找找資料了解各年代測量光速的方法吧！

好吃又好玩 彩色涼麵

天氣熱就想吃涼麵，但你知道涼麵也能是彩色的嗎？一起動手做做看好吃又漂亮的彩色涼麵吧！

撰文、攝影／何莉芳

繪圖：曾建華

炎熱的夏天來了，熱食會讓人滿身大汗，來盤五色涼麵清爽一下如何？五色涼麵是有小黃瓜、蛋絲、雞絲、火腿絲、紅蘿蔔的涼麵嗎？不不不，五色涼麵指的不是有五種配菜的涼麵，我們要做的是麵條本身就有五種顏色的涼麵喔！

會不會很麻煩？要從麵粉開始揉製嗎？沒那麼麻煩，彩色涼麵製作過程既簡單又方便，而且還很像是變魔術呢！

一起利用生菜沙拉裡不可或缺的要角：紫色高麗菜，讓麵條產生不同色彩變化，用科學來做視覺、味覺都新奇的彩色涼麵！

麵條的變身

實驗材料

煮熟的白麵、油麵、紫色高麗菜、碗盤、檸檬或醋。（白麵需要事先水煮，而油麵購買時已經煮熟，稍微川燙就好。）

番外篇：高腳杯、塑膠滴管、調色盤、小蘇打粉。

實驗步驟 —— 準備染劑

Step ①

將紫色高麗菜切碎，放入茶壺中，加入熱水浸泡 15 分鐘，直到紫色色素浸出。或是切碎後倒入鍋子裡，倒入熱水煮沸幾分鐘，冷卻後過濾倒出。

實驗步驟 —— 為麵條上色

Step ②

將白麵浸泡在紫色高麗菜汁一段時間。撈起之後，白麵變成藍紫色了。

繪圖：曾建華

Step ③

擠些檸檬汁到碗中，原本藍紫色的高麗菜汁竟然變成紅色，這是為什麼呢？將浸泡在變成紅色的紫色高麗菜汁中一段時間後的麵條取出。這下我們用白麵做出了白、藍、紅三色麵。

Step ④

將紫色高麗菜汁倒入黃色的油麵，浸泡一段時間，麵身竟然變成綠色了。為什麼跟剛剛的白麵不一樣？撈起變色後的油麵，加上原本的黃色油麵，這下又多了二種顏色的麵了。

Step ⑤

將五種顏色的涼麵排在盤子上，就是視覺、味覺都新奇的五色涼麵囉！

花青素：遇酸遇鹼都變色

紫色高麗菜含有大量花青素，因而呈現鮮豔的紫色。花青素是一種水溶性的色素，用煮的會比浸泡的方式釋出更大量的色素，它會受到酸鹼影響而改變顏色，酸性環境下變成紅色，鹼性環境下會變成藍色。而紫色高麗菜汁還含有其他類黃酮色素，因此在強鹼性的情況下會出現黃綠色、黃色等變化。因此我們也可以利用紫色高麗菜汁對酸鹼變色的特性，來檢驗家中溶液的酸鹼性。

接觸紫色高麗菜汁後，油麵會變成綠色，顯示油麵為鹼性。這是因為油麵在製作過程中會添加鹼來增進麵條的黏彈性。一般的白麵為生麵條，製作過程中不加鹼，煮熟後浸泡紫色高麗菜汁一陣子，麵身就會染上淺淺的紫，再滴加醋之後，顏色就變成迷人的櫻

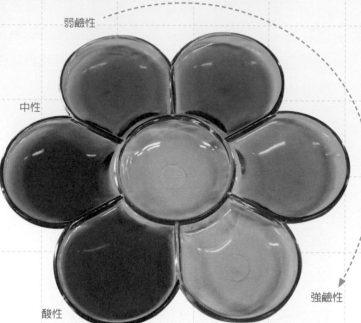

弱鹼性
中性
強鹼性
酸性

▲ 紫色高麗菜色素顏色會隨酸鹼而改變，酸性是紅色，中性是紫色，而鹼性條件下則有豐富的顏色變化，由弱鹼性到強鹼性分別是藍色、綠色、黃色（調色盤順時鐘方向）。

花紅。猜一猜且做看看，如果讓綠色的油麵遇到醋，麵條顏色又會如何？你能做出隱藏版的顏色嗎？

藍紫色的蔬果還有紫心蕃薯、紫胡蘿蔔、藍莓、葡萄……等，也都可以取得類似紫色高麗菜的色素來為涼麵染色。紅肉火龍果的汁液也是水溶性色素，它能否當做酸鹼指示劑呢？試試看。

再請你想一想，除了涼麵，還有哪些食材或飲品也可以利用這些天然植物色素進行酸鹼色彩變化呢？

▲ 紫色高麗菜汁遇酸會變成紅色，將白麵染色成為櫻花紅。

▶ 油麵本身為鹼性，跟紫色高麗菜汁接觸後就會變成綠色。

繪圖：曾建華

只能看不能喝的雞尾酒

提到雞尾酒，腦海中浮現調酒師以優雅俐落的手法搖出美麗的雞尾酒。這次我們要利用紫色高麗菜汁的酸鹼變色特性，在同一杯溶液中製造顏色漸層的效果。

首先，在高腳杯底部加入小蘇打粉末與氫氧化鈉顆粒。然後倒入約三分之一杯的紫色高麗菜汁，輕輕搖晃。部分氫氧化鈉溶解使溶液呈現強鹼性，紫色高麗菜汁液變成黃色。再緩緩倒入一些紫色高麗菜汁，則表層顯現綠色（代表鹼性稍弱）。靜置一會兒，可以看見綠色慢慢下沉，在交界處出現有如水彩畫暈染效果。

將小蘇打粉與氫氧化鈉放進杯中，然後倒入約三分之一杯的紫色高麗菜汁。因為氫氧化鈉溶液為強鹼性，因此呈現黃色。

慢慢再加入一些紫色高麗菜汁，溶液表層會因為弱鹼性而呈現綠色。

接著再慢慢加入一些醋，上層溶液因為酸性變成紅色了。

注意

若在紅色與綠色的交界處輕輕攪拌，就能產生藍色喔！小蘇打遇到酸還會產生二氧化碳氣泡，相當浪漫。

若是攪拌太大力，小蘇打和酸快速反應就會湧出大量氣泡而讓溶液溢出，讓人嚇一跳。實驗時記得要準備一條抹布在旁邊隨時善後喔！

接著，在液面緩緩加入醋，上層溶液變為紅色。輕輕攪拌綠色與紅色的交界面，當交界處的酸與鹼逐漸中和之後，就能讓紫色高麗菜的色彩出現紅色、紫色、藍色、綠色、黃色等類似雞尾酒的分層效果了。此外，小蘇打遇到酸還會產生二氧化碳氣泡，多采多姿的顏色伴隨著細小氣泡，製造迷人的動態視覺效果。

注意喔！這種「雞尾酒」是不能喝的。如果要做出可以喝的多彩飲料，要怎麼改良呢？試試看果汁、汽水、牛奶、豆漿與紫色高麗菜汁（或葡萄汁）的分層組合吧！ 科

作者簡介

何莉芳　臺中市福科國中老師，喜歡從生活中找尋實驗題材，讓學生有玩不完的 DIY 實驗，並且將實驗的精彩過程記錄在「zfang の科學小玩意」部落格。

好吃又好玩：彩色涼麵

國中理化教師　李頤鋒

關鍵字：1. 花青素　2. 酸鹼變色　3. 酸鹼指示劑

主題導覽

　　想像一下，在炎炎夏日裡，吃著自製的彩色涼麵，那是多棒的視覺和味覺的享受啊！其實，彩色涼麵中繽紛的色彩和天然色素、酸和鹼有很大的關係喔！而這些色素受酸和鹼的作用而產生的顏色變化，也可以被用來檢驗各種溶液的酸鹼性喔！

　　早在 16 世紀以前，人們就已經知道利用植物的汁液來當做染料，也知道加了不同的物質會讓這些汁液顏色有所變化，但對於其中的關係卻不甚明瞭，也沒有留下清楚的紀錄。就跟很多的發明一樣，除了運氣之外，更需要強烈的好奇心和細微的觀察力，正所謂「處處留心皆學問」。

　　說到這兒，我們就得講講酸鹼指示劑被發現的故事了。

　　話說三百多年前的一個早上，著名的英國科學家──波以耳（Robert Boyle），一如往常的準備到他專屬的實驗室去進行研究，恰好在這一天，一位木工送來一籃非常豔麗的紫羅蘭。平時就喜歡花花草草的他，順手就摘了一朵紫羅蘭帶進實驗室並放在桌上，當天波以耳進行的是有關鹽酸的實驗，就在倒鹽酸時，有些許鹽酸噴濺到紫羅蘭上，「哎呀！好可惜啊！」波以耳心裡這樣想著，於是他將花朵放到水裡試圖洗去鹽酸，結果神奇的事情發生了：花朵上沾到鹽酸的部分由紫色變成紅色。

　　波以耳覺得既新奇又興奮，於是把整籃的紫羅蘭拿進實驗室跟其他的酸進行試驗，結果和預期的一樣，都變成紅色。波以耳想著，以後如果想要分辨酸與鹼，只要用紫羅蘭製作出來的浸液就可以了。

　　為了獲得更多、更準確的資料，波以耳採集許多藥草和植物，利用水或酒精泡出許多的浸液，進行酸和鹼的檢驗，其中比較有名也是我們最常使用到的，就是石蕊試紙。石蕊地衣生長在中高海拔向陽的岩石上，製作出來的浸液遇酸會呈現紅色，遇鹼則呈現藍色。波以耳將這樣能判斷出酸鹼的浸液稱為「酸鹼指示劑」，後來為了方便以及避免浪費，波以耳將紙片浸在指示劑裡並烘乾，製成試紙。

　　後來科學家也發展出許多更方便使用並更容易判斷的試紙（例如廣用試紙，它是由多種試劑調製而成），以及更精確的儀器（例如 pH 計）來判斷溶液的酸鹼性。

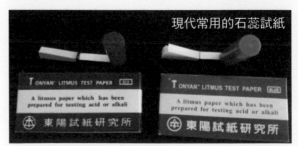

現代常用的石蕊試紙

圖源：李頤鋒

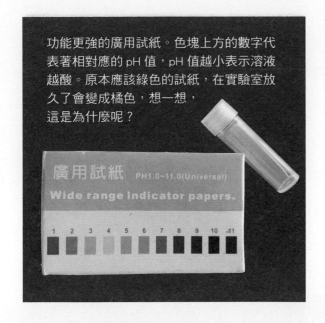

功能更強的廣用試紙。色塊上方的數字代表著相對應的 pH 值，pH 值越小表示溶液越酸。原本應該綠色的試紙，在實驗室放久了會變成橘色，想一想，這是為什麼呢？

目前在學校經常使用的酸鹼指示劑大約有三種，顏色變化如下表：

指示劑名稱 ＼ 溶液	酸	鹼
石蕊	紅色	藍色
酚酞	無色	紅色
廣用試紙（劑）	紅橙黃　綠　藍靛紫 （中性）	

從〈好吃又好玩：彩色涼麵〉和波以耳無意中發現紫羅蘭變色的祕密，可以知道日常生活中有許多容易取得並可以用來判斷酸與鹼的天然色素，我們也可以把它們的顏色變化加以記錄，用來判斷像汽水或是果汁等其他液體的酸鹼性喔！紫色高麗菜（紫甘藍）中的花青素就是一個很好的例子：

指示劑名稱 ＼ 溶液	酸	鹼
花青素	紅　　紫　藍綠黃 （中性）	

各位讀者也可以試試其他顏色鮮豔的蔬果。實驗的樂趣就在於動手去做，做愈多次，技巧就愈熟練、愈有趣，來！跟著〈好吃又好玩：彩色涼麵〉的步驟一起動手做吧！也許你可以製作其他天然染劑，開發出更繽紛多彩的彩色涼麵哦！

挑戰閱讀王

看完〈好吃又好玩：彩色涼麵〉後，請你一起來挑戰下列的幾個問題。

答對就能得到 👍，奪得 10 個以上，閱讀王就是你！加油！

（　　）1.在〈好吃又好玩：彩色涼麵〉的文章中，利用白麵和紫色高麗菜做出來的涼麵，沒有下列哪一種顏色呢？（這一題答對可得到 2 個 👍 哦！）
①白色　②綠色　③紅色　④藍色

（　　）2.在〈好吃又好玩：彩色涼麵〉的文章中，油麵接觸紫色高麗菜汁之後變成
綠色，顯示油麵是鹼性的，為什麼製造商要在製作過程中加入鹼呢？（這
一題答對可得到 2 個 👍 哦！）

①改變麵條的味道

②讓麵條顏色比較好看

③增加麵條的黏彈性

④不知道為什要加鹼，以前的人這樣教，所以就跟著這樣做。

（　　）3.在〈好吃又好玩：彩色涼麵〉番外篇的活動中，利用紫色高麗菜汁的酸鹼
變色特性，在同一杯溶液中製造出漸層的效果。在活動過程中特別強調動
作要輕緩，如果攪拌動作太大，會造成小蘇打和酸快速反應，大量產生哪
一種氣體？使溶液溢出杯外？（這一題答對可得到 3 個 👍 哦！）

①氧氣　②二氧化碳　③氫氣　④氮氣

（　　）4.如果你拿了自製的紫色高麗菜汁（染劑），分別滴入甲、乙、丙三支試管（試
管內裝有不知名的無色透明液體），結果 3 個試管顏色的變化如下圖呈現，
請問哪一支試管內的液體，鹼性最強呢？（這一題答對可得到 4 個 👍 哦！）

①甲　②乙　③丙

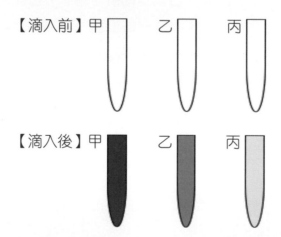

延伸思考：

1. 想一想，日常生活中有哪些顏色鮮豔的蔬果可以拿來試著製作天然的染劑或指示劑？（至少寫出五種）接著上網找一找這些鮮豔的蔬果含有哪些色素。

2. 請上網找出廣用試劑是由哪些指示劑調製而成。

家庭用電 小學堂

日常生活中不可或缺的電，背後可是有很多學問喔。從電怎麼來、插座的線路配置，到如何安全用電，在此一次解答你的疑惑！

撰文／趙士瑋

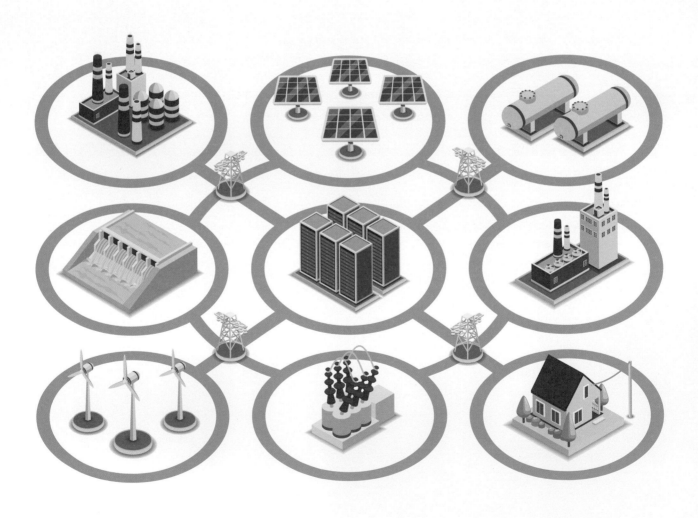

圖片來源：達志影像

▲ 直流電的電流方向不會隨著時間而改變。

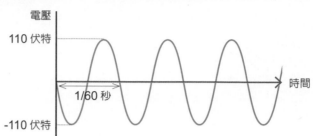

▲ 交流電的電壓會隨著時間而改變，臺灣的交流電頻率是 60Hz，電壓是 110 伏特。

「**電**」似乎得來全不費工夫，打開開關、插頭一插，就源源不絕的來了。不過，關於家庭用電，很多祕密其實深埋在平常不會看見的地方！接下來，就讓我們一層一層揭開家庭用電的神祕面紗吧！

電從哪裡來？

電到達家中之前，可是經過長途跋涉的。在臺灣，大部分的電都是由公營的發電廠「生產」出來，包含水力、火力、核能，甚至是風力發電廠。這些電廠通常離人口集中的都會區有段距離，因此必須利用電纜做長程的輸送。電從發電廠出發，經過路上的許多「變電所」，到都會區中的「變電箱」，最後才進入家中。

變電所與變電箱雖然是輸電路線上的中繼點，不過它們的功能可不是讓電停下來打個盹，而是一段一段降低電壓。發電廠要將所發的電送出時，為了減少在電纜中的能量消耗，會將其升至數十萬伏特的極高壓（也就

是「高壓電」名詞的由來），但一般家庭使用的電壓，不過數百伏特，這中間勢必得經過降壓的程序。不過要是一口氣從超高壓遽降至一般用電的電壓，成本太高，因此在輸電的過程中安置多個變電所，逐步將電壓降下來，是目前各國廣為使用的方法。

值得一提的是，在輸送過程中，電流方向並不像電池發出的電一樣保持不變，而是一會兒順著流，一會兒卻 180 度大轉彎，往反方向流動！像電池發出的電一般，方向固定者，稱為直流電；發電廠發出的電，方向隨時間變化，則稱為交流電。

為什麼發電廠要送這種「奇奇怪怪」的電給我們使用呢？這和剛剛提到的降壓有密切的關係。電流磁效應與電磁感應二大原理被發現後，科學家發明了可以輕易降低電壓的「變壓器」，但這項裝置只對交流電有用，直流電則一直缺乏容易實現的降壓方法。也就是說，到進入家庭為止，電以交流電的形式存在比較方便。因此，不管是火力、水力

繪圖：黃榆儒

住在高壓電塔附近安全嗎？

綿長的電纜需要適當的固定、支撐，因此臺電每隔一段距離就會設置高壓電塔，將電纜架於空中。近年來，抗議臺電在住家附近設置高壓電塔，或是變電所、變電箱等高壓電設施的事件不少，主要原因都是對安全有疑慮。像是電線走火與觸電等隱憂，不過在這方面臺電已做好充分的防範措施，只要不任意接近電塔，肇生危險的機率極低。

另一問題是電塔產生的「電磁波」對人體是否有影響。確實，高壓電設施會產生電磁波，使得周圍區域的磁場較強，但目前並沒有科學證據指出這樣的電磁波與癌症等任何疾病有直接關聯。再者，電磁波的強度會隨距離而減弱，高壓電設施發出的電磁波，傳播到人們活動的區域時，強度皆已經減弱到政府規定的標準值內。總而言之，對高壓電塔、變電所、變電箱這些設施，並不需要太過擔心。

還是核能發電，最後都是推動渦輪機，利用電磁感應的原理將機械能轉換成交流電。

話雖如此，許多電器確實是使用直流電，插上插頭，來的卻是交流電，會不會有問題？別擔心，這些電器內部都有「整流器」元件，負責將交流電轉換成可用的直流電。

臺灣家庭所用的交流電，電壓為 110 伏特，頻率為 60 Hz，也就是說在一秒內，電壓會從正轉負、再從負轉正，週期性的變化60 次！

家中電路的配置

電輸送到家裡，第一站是位居中樞地位的「配電箱」，從那裡再送往各個插座、電器。如果你有機會打開配電箱看一看，會發現電

線有各種顏色，這些顏色可不是隨意搭配的！不同顏色的電線，在家庭電路中的功能也不一樣。

家庭用電的電線主要分為「火線」、「中性線」與「地線」三種。火線是真正載有電壓的電線，家裡的火線分成紅、黑二種顏色，所載電壓在任何時刻都是正負相反的，也就是說若某個瞬間其中一條火線的電壓是正 110 伏特時，另一邊就會是負 110 伏特。有些電器（如冷氣）需要用到 220 伏特的電壓，就得接在連接到二條火線的插座，就能「製造」出 220 伏特的交流電了。

中性線上的電壓恆為零，一方面做為火線的電位參考基準，另一方面提供電流迴流的路徑，構成完整的迴路。地線則是將各個電器的外殼與屋外的大地連接 （稱為接地），若有漏電的情形，多餘的電荷能快速由大地吸收，防止危險發生。

至於這三種電線的配色，各國習慣均有所不同，以臺灣而言，火線除了分為紅、黑二色外，中性線是白色，地線則是綠色。但是早期臺灣的水電施工經常沒有遵行用顏色區分電線的規定，因此若是家裡的電路需要調整的話，最好先用三用電表確認，或是委託給專業的電工師傅。

火線、中性線、地線也與插座息息相關。臺灣的家電插座供應的電壓分成 110 伏特

和 220 伏特二種，前者的二個插孔分別連接到中性線和其中一條火線，為電器提供 110 伏特的交流電壓；而 220 伏特的插座則是二孔連接到不同的火線，第三孔連接地線。有些 110 伏特的插座也會附有第三孔，由於地線只有接地增加安全性的功能，與電器使用無關，因此專用於二孔插座的插頭，是可以插入三孔插座並正常使用的。

你可能會發現家裡有些 110 伏特的三孔插座長得跟 220 伏特插座完全一樣，這是因為過去法規並沒有強制規定，因此在入住前要先詢問清楚，並在插座上做好標示。但目前最新的規定是，供應 220 伏特插座要用「一橫一豎一孔」的專用插座，有了這種長相不一樣的插座，就不用擔心會搞錯了。

若是家裡的電器插座和新型的 220 伏特插座不合，可以去水電行找找看 220 伏特專用的轉接頭。

再仔細觀察插座，會發現有些插座的孔一樣大，有些卻不一樣大。這是因為以前的插座沒有詳細的規定，哪一個孔要接到哪一種線，但最新的法規規定：110 伏特的二孔插座，較小的孔要接到火線，較大的孔則是接到中性線。

注意安全，安心用電

家庭用電安全的隱憂，莫過於延長線連接太多電器，引起的電線走火，以及觸電。

在談到延長線的原理前，要先了解電路連接的二個基本型態：串聯與並聯。在串聯的

插座的接線

家中的插座分為 110 伏特和 220 伏特二種。110 伏特插座又分成二孔和三孔，其中二孔的一孔連接火線，一孔連接中性線，三孔則是多接了地線；220 伏特插座都是三孔，只是造型略為不同，上方二孔都連接到火線，第三孔接地，這二條火線的電位差在任何時間都維持 220 伏特。

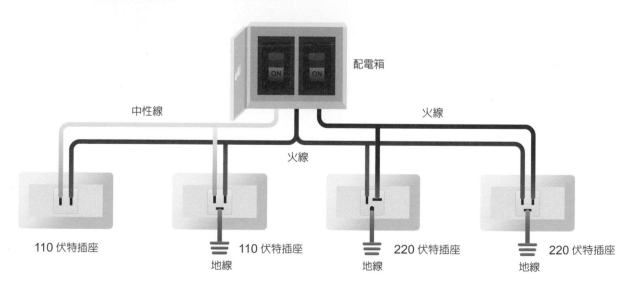

配電箱

中性線　　　　　　　　　火線

火線

110 伏特插座　　110 伏特插座　　220 伏特插座　　220 伏特插座
地線　　　　　地線　　　　　地線

繪圖：黃榆儒

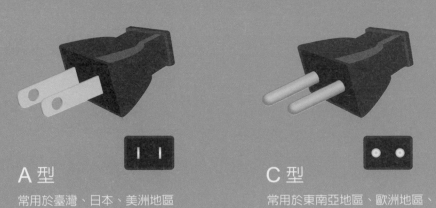

A 型
常用於臺灣、日本、美洲地區

C 型
常用於東南亞地區、歐洲地區、非洲地區

電路中，各個電器用電線串在一起，因此電流完全一樣，電源的電壓按比例分配到各個電器上。並聯的電路則正好相反，各個電器彷彿並列在一起，每個都得到電源全部的電壓，其電流加總才是流經電源的總電流。

延長線的電路型態是標準的並聯，每個電器都享有完整的 110 伏特電壓，以利在最佳效率運轉。正因為如此，總電流是各個電器使用電流的總和，延長線連接的電器愈

多，電流就愈大。而電流在電路中流動時會產生熱（稱為電流熱效應），當並聯的電器過多、電流過大時，產生的高熱甚至會引燃電線，造成電線走火的意外。因此控管延長線上電器的數目，不可不慎。

現代家中的電路，通常都有安裝保險絲或是無熔絲開關，正是針對電線走火的預防措施。當電流稍微過大時，這些裝置會提早一步將電路切斷，避免過熱的情形繼續下去，

串聯與並聯 V 表示電壓，I 表示電流

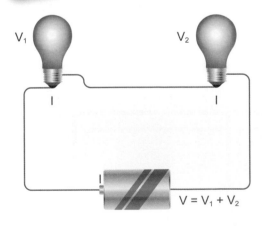

$V = V_1 + V_2$

▲ 在串聯電路，流經每個電器的電流都是一樣的，總電壓是各電器消耗的電壓差總和。

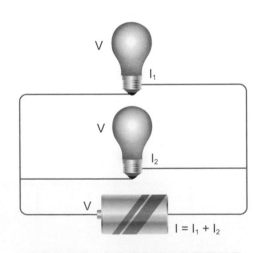

$I = I_1 + I_2$

▲ 在並聯電路，每個電器兩端的電壓都是一樣的。家中的電路系統都是並聯，確保每個電器用品都是使用相同的電壓，才能正常運作。

繪圖：黃榆儒

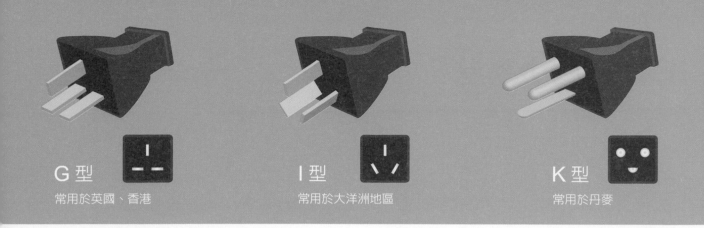

G 型
常用於英國、香港

I 型
常用於大洋洲地區

K 型
常用於丹麥

造成危害。

觸電也是重要的安全問題。當人體接觸到不同的電壓，造成表面的二處電位不同時，就會產生電位差，進而有電流流過，稱為觸電。當電流太大時，輕而引發驚跳、抽搐等反射動作，重則對人體造成傷害。

插座若使用不慎即有可能導致觸電。因此插座的連接線會設置在插孔內較深處，降低直接觸碰到接線的機率。

處理配電箱內的電線時也要非常小心。如果不小心碰觸火線沒有絕緣塑膠包覆的部分，又不巧是赤腳踩在地上，也會觸電！這是因為火線的電壓是 110 伏特，腳由於與地面接觸，電壓和地面一樣是一樣是 0 伏特，在手和腳之間產生了電位差的緣故。為了避免觸電，到家中維修配電箱的人員都會穿戴絕緣材質的鞋子，將腳和地面隔絕，這樣一來縱然手接觸火線，由於沒有另外一點形成電位差，並沒有觸電之虞。

原來家庭用電中，有這麼多值得探索的祕密！聰明的你，閱讀完這篇文章後，是不是對電又更加了解了呢？ 科

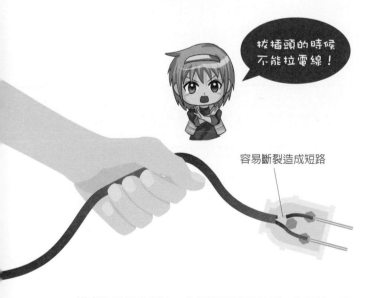

拔插頭的時候不能拉電線！

容易斷裂造成短路

▲ 插座的二根金屬片，在插頭裡是連接到二條電線，最後再把二條電線匯集成一條線。拔插頭時從插頭的頭拔起才是正確行為，若是拉扯電線的話，容易造成電線斷裂而短路，進而引起災害。

作 者 簡 介

趙士瑋　目前任職專刊律師事務所，與科技相關的法律問題作伴。喜歡和身邊的人一起體驗科學與美食的驚奇，站上體重計時總覺得美食部分需要克制一下。

家庭用電小學堂

國中理化教師　李冠潔

關鍵字：1. 直流電　2. 交流電　3. 電流磁效應　4. 電磁感應　5. 用電安全

主題導覽

使用電力雖然是近代才有的行為，但其實人類很早就發現電這種能量，西元前 3000 年左右的古埃及就有文獻記載尼羅河裡的「發電魚」了。但是人類有系統性的研究並使用電力卻是在西元 1600 年，吉伯特開啟了對於電與磁系統性的研究，而且由於他對電學偉大的貢獻，後人稱他為電學之父。不過，在電學上最有趣又廣為人知的大概就是愛迪生設計的直流電系統對抗特斯拉的交流電系統的故事了吧。

直流電就是電流方向和電壓保持不變，電從電池的正極流出，經由電線傳入電器中，再由電池負極流入，而交流電則是電壓與電流大小都會不停的做規律的改變（如下圖）。

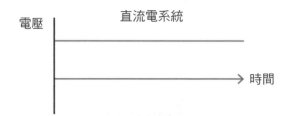

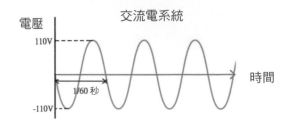

直流電系統比交流電系統更早發明出來，但為何目前電力公司都是用交流電？

交流電比直流電多了許多好處。第一：直流電不易改變電壓，因為電壓會隨輸送的距離下降，因此每隔一公里則要增設發電站；但交流電易於變壓，故可利用高壓的方式長途輸電，可減少電能損失，降低運送的成本。第二：交流電容易變壓，家用電器雖然適用電壓各有不同，但卻能靠變壓器簡易升壓或降壓，故可利用的範圍更廣。

上面提到的家用變壓器，利用的就是電流磁效應和電磁感應這二個原理，來達到升降壓的目的。電流磁效應是西元 1820 年，丹麥大學教授厄斯特正在課堂上教授電學時，偶然發現在通有電流的導線附近的磁針竟然發生偏轉，因此他得到一個結論：通電流的電線就可產生磁場，且電流方向發生改變，磁場方向也會跟著改變。

而電磁感應和電流磁效應產生的原理正好相反，電磁感應是法拉第於 1831 年發現，當磁鐵通過封閉線圈的中空部位時，線圈會產生短暫的感應電流，如果不斷改變線圈中的磁場大小，則可持續產生電流。簡單來說，電流磁效應是利用電流產生磁場，電磁感應是利用磁場變化產生電流。

變壓器簡易的內部構造如下圖，將電源（原電壓）通入變壓器後，因變壓器內部鐵環二端纏繞的線圈圈數不同，讓輸出的電壓產生改變。若原線圈比副線圈的圈數多，則為降壓變壓器，反之則為升壓。因為電壓 V 與纏繞的線圈匝數 N 成正比，也就是 $\frac{Vp}{Vs} = \frac{Np}{Ns}$，例如主線圈匝數 100 匝，副線圈匝數 10 匝，通入 110 伏特的電壓，則會輸出 11 伏特的電壓。

變壓器內部構造

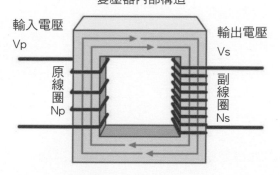

在了解了這麼多電的原理後，我們要特別注意的就是用電的安全了。

家中常見的因電引發的危險除了觸電外還有電線走火，觸電的原因通常是因為電器很老舊，電線的火線與電器外殼接觸，

此時若打赤腳或身體潮濕接觸到就容易觸電，因為潮濕會使人體的電阻下降，打赤腳又沒有讓人體和地面絕緣，此時人體就變成一個導體，電就容易流入身體，導致觸電。

想要避免觸電的方法很簡單，只要確實將電器接地即可，如果電器連接地線完整，即使火線與外殼接觸而漏電，人體接觸電器外殼也不會觸電。保持身體乾燥或穿絕緣膠鞋，也可以因為身體不易導電而避免觸電。

電線走火則可能是插座老舊，或是同時使用太多電器造成。若同時使用太多電器，會讓家庭電路的電流過大，電線過熱導致起火。另外延長線若太老舊，上面的無熔絲開關可能會故障，讓電器過載時也無法自動關閉，或是插座內積了太多灰塵，導致短路，也會引起電線走火。因此時時注意家庭用電量與電器、插座的使用情形，老舊的產品該換就要換，才能避免危險的發生喔！

挑戰閱讀王

看完〈家庭用電小學堂〉後，請你一起來挑戰下列的幾個問題。

答對就能得到👍，奪得 10 個以上，閱讀王就是你！加油！

（　）1.下列哪些是交流電的性質？（複選）（這一題答對可得到 3 個👍哦！）

　　　①電流方向會改變　②電壓大小會改變　③電流大小會改變

　　　④會有電磁感應　⑤不會有電流磁效應

（　）2.下列哪些是危險的用電行為？（複選）（這一題答對可得到 3 個 👍 哦！）

　　　①直接拉電線把插頭拔下

　　　②不使用的電器將電源關閉

　　　③在浴室使用吹風機

　　　④因不影響使用，故可將電器的接地線剪掉

　　　⑤老舊的電器與電線定期更換

（　）3.下列敘述哪些正確？（複選）（這一題答對可得到 3 個 👍 哦！）

　　　①電的運送方式可以分成直流電與交流電

　　　②電與磁能夠互相影響

　　　③高壓電雖然很危險，卻能使用電成本比較低廉

　　　④交流電較能輕易的變壓，直流電則否

　　　⑤電器插頭只要能插進插座都能使用，不須注意電壓

是非題：

（　）1.電和磁都是能量的一種形式，在通過電流的導線周圍就會產生磁場，稱為
　　　電流磁效應。

（　）2.在磁鐵的周圍會有微小的電流通過，稱為電磁感應。

延伸思考

1.想想看生活中不易導電（絕緣體）的東西有哪些？為何不易導電？與人體乾燥不
　易導電和潮濕容易導電的原因之間有無關聯性？

2.路旁的變電箱或高壓電線能否用絕緣體去觸碰？

3.有電位差才會造成觸電，那麼小鳥站在高壓電線上為何不會觸電？誤爬上電線桿
　的猴子為何就會觸電？

夢幻漸層飲品
蝶豆花茶

有著多種色彩的蝶豆花茶飲，變色的祕訣竟然跟酸鹼有關喔！

撰文／高憲章

圖片來源：謝雅諾

講到近年夏天最火紅的飲料，就非由天然蝶豆花汁做成的「漸層色茶飲」莫屬了！去飲料店點一杯「青檸藍天凍飲」，可以看到店員熟練的先將淡黃色的檸檬汁加到杯子的底部，再將深藍色的蝶豆花汁緩緩加進去。咦？二層溶液的交界面竟然開始變成紫色，最後變成藍、紫、黃漸層的一杯飲料！這到底是怎麼一回事呢？

漸層茶飲的祕密：花青素

讓這種夢幻茶飲變色的祕訣就藏在蝶豆花（不是豆花喔！）裡。蝶豆是一種生長在熱帶地區的豆科植物，它的花是鮮豔的藍紫色，將花泡在熱水裡，花裡的花青素會釋放到水中，就可以得到漸層飲料的原料：蝶豆花汁。

花青素是一種存在於許多植物中的天然水

溶性色素，植物顏色的深淺，和花青素的濃度有關，像是蝶豆花、紫色高麗菜，或是紫色地瓜這種顏色非常深的植物，就含有大量的花青素。至於花青素呈現出何種顏色，則和花青素所處環境的酸鹼值有關，花青素在酸性環境下呈現紅色，在中性環境下呈現紫色，在鹼性環境下則是藍色。

聰明的飲料商家就是看上花青素這種隨環境的酸鹼值而改變顏色的性質，做出美感與科學兼具的飲品。不過話說回來，什麼是酸鹼呢？

定義酸鹼的漫漫長路

18 世紀時，科學家已經懂得使用硝酸或硫酸之類含有氧原子的酸，因此當時著名的

▲ 蝶豆是一種豆科植物，開藍紫色的花，花中富含花青素。

化學家、也是現代化學之父拉瓦節認為有氧原子的化合物才是酸，也給氧氣取了「酸素」這樣的名字。30 年之後，在化學史上發現最多元素的達維，卻找到了一種不含氧的酸：氫氟酸，因此另一位科學家李比希就提出另一個說法：「含有氫元素的物質才是

圖片來源：達志影像，Wikipedia Commons

─ 花青素發現史 ─

1937 年諾貝爾生醫獎得主森高吉，是最先注意到花青素的科學家之一，他發現維他命 C 對壞血症具有非常好的療效，於是科學家們就努力的想要合成維他命 C，不過他發現從植物中萃取出來的維他命 C，治療功能反而比人工合成的高純度維他命 C 來得好，所以他覺得應該有一種神奇的物質，可以跟維他命 C 一起作用，治療壞血病，但是當時卻無法得知這個神奇的物質是什麼。

隔了一段時間後，由於二次大戰結束的法國物資缺乏，為了解決農村牲口的食物問題，法國政府開始利用花生來當飼料的原料，可是動物們雖然吃花生藤，卻不喜歡吃花生殼和有著一層薄

1937 年諾貝爾生醫獎得主森高吉。

薄外衣的花生，因此農民反映牲口們不愛吃，覺得這種飼料可能有毒。法國政府就請科學家來幫忙解決問題，結果意外從花生皮中分離出花青素，並且發現花青素具有苦味，所以動物們不愛吃。

後來研究發現花青素具有比維他命 C 更強的抗氧化力，證明了森高吉在研究抗壞血症的過程中，那個所謂的神奇的物質，就是花青素的功效。

酸鹼解離

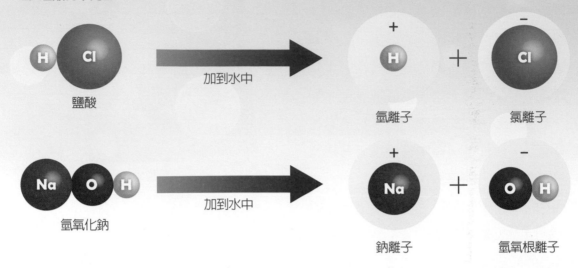

▲ 鹽酸在水中會解離成氯離子（Cl^-）與氫離子（H^+），是酸性；氫氧化鈉在水中則會解離產生鈉離子（Na^+）與氫氧根離子（OH^-），被歸為鹼性。

酸，而且氫可以被金屬原子替換。」這個理論後來成為近代酸鹼的基本定義。

　　雖然化學家定義了有氫的分子叫做酸，當時仍不清楚這種分子如何表現出所謂的「酸性」。1884 年，化學家阿瑞尼斯在他的博士論文中提出了全新的見解：酸、鹼和鹽類這三種化合物在水中溶解後會解離，在水中形成陰離子與陽離子，其中酸的酸性就是從離子中表現出來。

　　然而在他口試的時候，口試委員們通通都不接受這種理論，可是又提不出別的理論來駁倒他，所以只給了他低空飛過的分數，勉強讓他拿到學位。雖然分數難看，但是阿瑞尼斯可沒有洩氣，他做了更多的實驗、和更多學者研究討論，最終阿瑞尼斯的酸鹼電解分離說，終於成為現代化學酸鹼最重要的理論之一，而他最終也拿到了 1903 年的諾貝爾化學獎。

　　依據阿瑞尼斯的理論，所謂的酸指的是「溶解在水中時，能提高水中氫離子（H^+）濃度的分子」，鹼則定義為「溶解在水中時，能提高水中氫氧根離子（OH^-）濃度的分子」。以我們手邊最容易找到的鹽酸與氫氧化鈉為例子，鹽酸在水中會產生氯離子（Cl^-）與氫離子（H^+），提高了水中的氫離子濃度，所以被歸為酸性；氫氧化鈉在水中則會解離產生鈉離子（Na^+）與氫氧根離子（OH^-），提高了水中的氫氧根離子濃度，所以是鹼性，這是酸與鹼的來源。酸度（或酸值），指的是水中有多少的氫離子，換句話說，就是氫離子的濃度了。至於酸性的強弱，指的是這個酸性的化合物「解離氫離子的能力」，強酸或弱酸都會造成氫離子濃度的改變，只是威力大小差很多。比方說，醋

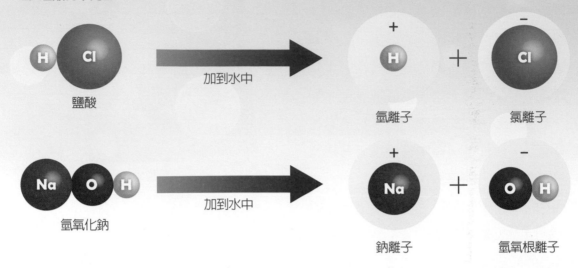繪圖：黃榆儒

酸是一種弱酸，把 1000 個醋酸丟去水裡，可能只有一兩個醋酸解離出氫離子，而硫酸則是強酸，同樣丟 1000 個硫酸到水中，硫酸卻可以分解出 1000 個氫離子。

酸鹼度的指標：pH 值

純水是中性的，雖然水分子隨時都會解離成氫離子和氫氧根離子，但在 25℃時這二種離子的數量會一樣多，其中氫離子的濃度是每公升 0.0000001 莫耳，不過我們總不能每次提到酸鹼值時，就要讀出那一大串小數點位數吧？聰明的科學家們使用了數學的運算方式，可用一個正整數來表示極稀薄的濃度，於是酸鹼度指標「pH」值就這麼出現了，p 是代表取對數的數學運算，H 當然就是代表氫離子濃度了，要注意：p 是小寫字母，H 是大寫字母，不要寫錯囉。

中性的水中，氫離子濃度換算出來的 pH 值是 7，酸性物質可以提高溶液中的氫離子濃度，計算以後 pH 值小於 7；鹼性物質釋放出來的氫氧根離子會降低氫離子濃度，所以計算出來以後 pH 值大於 7。簡單來講，

▲ 實驗課常用到的石蕊試紙，就是由這種地衣類的生物磨成粉，提取出來的。

pH 值愈小，酸度就愈高，pH 值數字愈大，就愈偏鹼性。

用色彩說話的酸鹼指示劑

如果想知道一杯飲料大概的酸鹼值，有沒有什麼快速檢測的方法呢？聰明的你，應該已經聯想到前面提到的蝶豆花飲品的原理了吧？沒錯，花青素可以用來做為測量酸鹼值的指標，花青素特殊的化學結構，可以與氫離子結合，或者是脫離掉一個氫離子，而造成結構上的改變，這種結構變化剛剛好使花青素直接反應在顏色變化上，當花青素在

▼ 薑黃為咖哩的主要香料之一，也可以做成天然的酸鹼指示劑喔。

圖片來源：達志影像

pH 值為 2~3 的酸性條件下，會呈現出紅色，而在接近中性 pH 值為 7 的附近，呈現的是紫色，若是在 pH 值為 11 左右的鹼性環境下，則會變成藍色的。這種隨所處環境的酸鹼而改變顏色的化合物叫做「酸鹼指示劑」。

利用花青素的這個酸鹼指示劑特性，我們可以偷偷檢測餐廳裡喝到的蝶豆花茶飲到底是不是真的用了花青素。如果這杯花青素茶飲不管你加入多酸的東西（例如檸檬汁），或者是多鹼的東西（例如小蘇打水），飲料的顏色都沒半點改變，那這杯飲料的顏色來源可能就不是花青素！此外，如果你喝到一杯「號稱」是蝶豆花調出來的飲料，可是這

個飲料卻有著濃郁的紅色，那要小心了，因為如果這個紅色不是用色素染色，那麼依據花青素酸鹼指示劑的特性，這杯飲料酸度可能很高，一口氣喝太多太酸的飲料，對身體可不是件好事喔。

除了蝶豆花中含有的花青素以外，我們平常吃的食物中，也有很多是天然的酸鹼指示劑喔，像是咖哩裡含有的薑黃素，在酸性（pH 值小於 7.8）的條件下是黃色的，而鹼性（pH 值大於 9.2）時則會變為紅棕色。

另外還有一種稱為石蕊的粉末，是從地衣中提取出來，也可以用在測量酸鹼值，這種藍色的石蕊粉末在 pH 值小於 4.5 時是紅色，pH 值大於 8.3 時是藍色，所以科學家

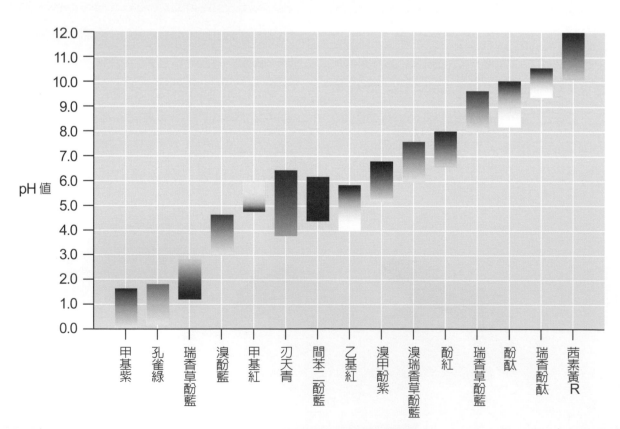

▲ 各種酸鹼指示劑的變色範圍。

圖片來源：達志影像

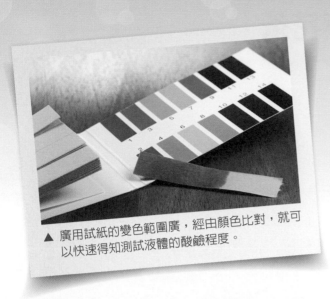

▲ 廣用試紙的變色範圍廣，經由顏色比對，就可以快速得知測試液體的酸鹼程度。

們分別用紙泡在酸性的紅色石蕊溶液和藍色的鹼性石蕊溶液中，就可以得到紅色和藍色的石蕊試紙，把藍色石蕊試紙滴上 pH 值小於 4.5 的酸性溶液會變紅色，把紅色石蕊試紙滴上 pH 值大於 8.3 的鹼性溶液會變成藍色。

紅色的石蕊試紙，在實驗室中常常用來尋找管線上洩露的氨氣，氨氣超級臭，很容易聞到，但是要找氣體洩露的點很不容易，使用濕潤的紅色石蕊試紙沿著管線擦過去，當它接觸到氨氣時會變成藍色，就能很方便、快速的找到管線上的裂隙。不過石蕊在接近中性的酸鹼度中（pH 值介於 4.5~8.3 之間），並不會有明顯的顏色改變，所以想測定這個範圍內的酸鹼值，石蕊試紙並不是個很好的工具。

既然每種酸鹼指示劑顏色改變的酸鹼度不同，那把它們混合在一起，是不是就能做出最強的酸鹼指示劑呢？沒錯！實驗室中最常用的一種酸鹼指示劑叫做廣用指示劑，廣用指示劑是利用酚酞、溴瑞香草酚藍、甲基紅、瑞香草酚藍這幾種指示劑依照一定的比例混合而成，在 pH 值 4~10 的範圍內，有紅、橙、黃、綠、藍、靛、紫各種不同的顏色變化，非常方便。

如果想要精確的求得溶液中氫離子的濃度，就需要用到酸鹼度計或是 pH 計，它有一個探測電極，使用的時候把這個電極放到要測量的溶液中，待測溶液與探測電極中氫離子的濃度差會製造電位差，酸鹼度計再將電訊號換成 pH 值。酸鹼度計是實驗室中最常見的儀器之一，如果覺得用指示劑不太能確定酸鹼值是多少，還是用儀器測量一下最準確啦。

下次買漸層色的飲料時，別忘了在這些五彩繽紛的色彩背後，其實蘊藏了許多化學原理喔！ 科

作者簡介

高憲章　在淡江大學理學院科學教育中心擔任執行長，同時負責化學下鄉活動計畫，跟著行動化學車全臺跑透透，經由各種化學實驗與全臺各地的國中生分享化學的好玩與驚奇。因為個子很高，所以是名符其實的高博士。

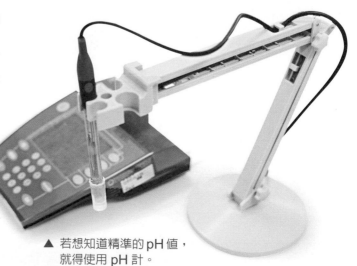

▲ 若想知道精準的 pH 值，就得使用 pH 計。

夢幻漸層飲品——蝶豆花茶

國中理化教師　姜紹平

關鍵字：1. 蝶豆花　2. 花青素　3. 解離　4. 離子

主題導覽

蝶豆為豆科蝶豆屬的植物。分布於熱帶及亞熱帶地區，如印度、臺灣以及中國大陸的福建、雲南、海南、浙江、廣西、廣東等地，在臺灣已引種栽種成功。蝶豆的花是鮮豔的藍紫色，這是因為裡面富含了花青素的緣故。

花青素是一種廣泛存於植物中天然的水溶性色素，也是植物花瓣中的主要呈色物質，水果、蔬菜、花卉等五彩繽紛的顏色，大部分與它有關。富含花青素的植物有蝶豆花、紫甘藍、紫薯、黑枸杞、葡萄、橙、藍莓、茄子、櫻桃、草莓、桑葚、山楂、牽牛花、大麥、高粱、豆類等。花青素含量隨植物品種、季節、氣候、成熟度等不同而有很大差別。

花青素對酸鹼很敏感，會隨著所處環境的酸鹼值不同而改變顏色，不過這個變色是可逆的，不是變質。所以蝶豆花茶繽紛的顏色與天然的紅茶、綠茶、洛神花茶的顏色都是來自天然色素，不是人工色素喔。

18 世紀時，科學家已經懂得使用硝酸、硫酸等含有氧原子的酸，化學之父拉瓦節就提出含有氧原子的化合物才是酸，並給氧氣取名為「酸素」；後來另一位科學家達維卻找到了例外：氫氟酸是酸，但不含氧；所以後來科學家李比希就提出「含有氫元素的物質才是酸」，這個理論後來成為近代酸鹼的基本定義。

1884 年，化學家阿瑞尼斯提出電解質解離說：化合物在熔融狀態或溶於水時，會產生帶電的粒子，能幫助導電，稱為「電解質」；而溶於水中會分解產生帶電的粒子的過程，稱為「解離」，帶正電粒子稱正離子（例如：H^+、Na^+）、帶負電粒子稱負離子（例如：OH^-、Cl^-）。

鹽酸、硫酸等化合物在水中幾乎完全解離（溶液中氫離子濃度很高），稱為強酸（強電解質）；醋酸、碳酸等化合物在水中則只有部分會解離（溶液中氫離子濃度很低），稱為弱酸（弱電解質）。

純水是中性的，它也會解離喔，在 25°C 時水分子會解離成 H^+ 及 OH^-，其中 H^+ 的濃度（表示為 $[H^+]$）是每公升 0.0000001 莫耳 = $[H^+]$ = 10^{-7} 莫耳 / 公升 = 10^{-7}M = $[OH^-]$（表示濃度很小），是極弱的電解質，僅有很少量解離成 H^+ 及 OH^-。

聰明的科學家們使用了數學的運算方式，用一個正整數來表示極稀薄的濃度，於是酸鹼度指標「pH」值就出現了，p 是代表對數的數學運算，H 就是代表氫離子

濃度。〔H^+〕＝ $10^{-7}M$ 時，pH 值是 7，為中性溶液（例如：食鹽水、糖水）；〔H^+〕＞ $10^{-7}M$ 時，pH 值小於 7，為酸性溶液（例如：檸檬汁、食醋）；〔H^+〕＜ $10^{-7}M$ 時，pH 值大於 7，為鹼性溶液（例如：小蘇打、氫氧化鈉溶液）。pH 值愈小，酸度就愈高；pH 值數字愈大，鹼性愈強。

石蕊試紙是檢驗溶液的酸鹼性，最古老的一種方式：從地衣中提取出石蕊的粉末，溶解於水得到紫色的石蕊溶液，取濾紙條浸入，濕透後取出乾燥，就可以得到紫色石蕊試紙，將紫色石蕊試紙浸入碳酸鈉溶液，製成藍色石蕊試紙；取濾紙條浸入石蕊溶液中，並加入極少量的鹽酸，溶液變成紅色，濕透後取出乾燥，得到紅色石蕊試紙。

在藍色石蕊試紙上滴酸性溶液（pH 值小於 4.5），試紙會變成紅色；滴鹼性溶液，則不變色。在紅色石蕊試紙上滴酸性溶液，試紙不變色，滴鹼性溶液（pH 值大於 8.3），試紙變藍色。換句話說，當溶液 pH 值介於 4.5~8.3 之間時，紅、藍色石蕊試紙都不會有明顯的變色。所以紅、藍色石蕊試紙適合用於檢驗 pH 值小於 4.5 或 pH 值大於 8.3 的酸鹼性溶液。

綜合以上所學的，以後想判斷溶液的酸鹼性，你可以用紫色高麗菜、紅鳳菜等製作簡易的酸鹼指示劑，也可以使用酸鹼試紙或是各種實驗用的酸鹼指示劑。不過想要準確的求得溶液中氫離子的濃度，就需要用酸鹼度計（又稱 pH 計）來測量喔。

挑戰閱讀王

看完〈夢幻漸層飲品──蝶豆花茶〉後，請你一起來挑戰下列的幾個問題。

答對就能得到👍，奪得 10 個以上，閱讀王就是你！加油！

（　　）1.去泰國旅遊時，買了一杯蝶豆花汁並請店員滴上幾滴黃色的檸檬汁，發現
蝶豆花汁變色了，請問顏色如何改變？（這一題答對可得到 2 個👍哦！）
①黃色變成藍色　②黃色變成紫色再變成藍色
③紅色變成藍色　④藍色變成紫色

（　　）2.鹽酸屬於強酸，氫氧化鈉屬於強鹼，二種液體在水中解離度很高，它們在
水中的解離式何者正確？（複選）（這一題答對可得到 4 個👍哦！）
①鹽酸（HCl）→氫離子（H^+）＋氯離子（Cl^-）
②鹽酸（HCl）→氫離子（H^+）＋氯離子（Cu^{2+}）

③氫氧化鈉（NaOH）→鈉離子（Ca⁺）＋氫氧根離子（OH⁻）

④氫氧化鈉（NaOH）→鈉離子（Na⁺）＋氫氧根離子（OH⁻）

（　　）3.溶液的 pH 值等於 7 為中性溶液，pH 值小於 7 為酸性溶液，pH 值大於 7
為鹼性溶液，下列敘述哪些正確？（這一題答對可得到 3 個👍哦！）

①氨氣溶於水呈鹼性

②食鹽水是酸性溶液

③ pH 值愈小，酸度就愈低

④ pH 值數字愈大，鹼性愈弱

（　　）4.實驗室中常用紅、藍色石蕊試紙檢驗溶液的酸鹼性，它們具有哪些特性？
（複選）（這一題答對可得到 3 個👍哦！）

①在藍色石蕊試紙上滴酸性溶液，紙變成紅色

②在紅色石蕊試紙上滴酸性溶液，紙不變色

③在紅色石蕊試紙上滴鹼性溶液（pH 值大於 8.3），紙變成藍色

④純水滴在藍色石蕊試紙上，紙是不會變色的

延伸思考

1.請上網查詢蕭次融教授設計的化學實驗「神奇的七個杯子」，探討指示劑顏色改
變與酸鹼反應的關聯。

2.請上網查詢，如何自製紫色高麗菜汁當酸鹼指示劑。紫色高麗菜汁在中性時呈深
紫色，遇酸偏紅色，遇鹼偏綠色。用此酸鹼指示劑檢驗生活中常見物質的酸鹼性，
例：牛奶、自來水、橘子汁、礦泉水、鹽水、肥皂水、洗衣粉水溶液、清潔劑、
漂白水、洗髮精等。

光影調色盤
彩色影子

誰說影子永遠是黑的！透過光的交錯與混色，影子也能是彩色的！

撰文、攝影 / 何莉芳

繪圖：曾建華

小時候看到影子，總是會覺得很奇怪：怎麼有個黑黑的東西一直跟著自己？長大後就知道，只要有光就有機會看到影子，這時候不僅不害怕，反而樂得玩起影子遊戲呢！甚至能以出神入化的方式，透過改變距離、角度與雙手交疊，來控制影子的大小與形狀。

因為有光，所以能看到多彩的世界，也因為有光，所以會有影。當多彩的光與影結合，是否也會產生多彩的影呢？「彩色的影子」還可以稱為「影子」嗎？李白的〈月下獨酌〉提到：「舉杯邀明月，對影成三人。」影子只能有一條嗎？怎樣才能製造多個影子？影子又要如何才能由黑白變彩色呢？

讓我們用光來調色，一起動手做出彩色影子吧！

彩色影子變變變！

實驗材料

器材：黑暗的房間、三支小手電筒、藍紅綠三種顏色玻璃紙、橡皮筋、玩偶模型、白色海報背板。

準備工作：在手電筒前端分別包上紅色、綠色、藍色玻璃紙，就能照出紅光、綠光和藍光。若手電筒的光較強，可以增加玻璃紙厚度，二層效果較佳。

實驗步驟 —— 彩色影子

Step 1

打開未包玻璃紙的手電筒，照向人偶，牆上是否出現影子？影子是什麼顏色？固定手電筒與牆面距離，改變人偶與燈光距離，影子大小怎樣變化？改變手電筒角度，觀察影子、人偶和燈光的相對位置。

Step 2

將手電筒前端包上紅色玻璃紙。紅光下，人偶的影子是什麼顏色？改用綠光或藍光，影子還是黑色嗎？

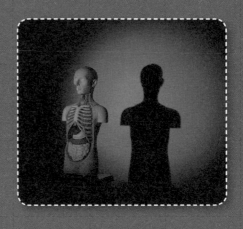

Step 3

打開另一個包藍色玻璃紙的手電筒，此時牆面出現幾個影子？影子顏色有改變嗎？調整二支手電筒的距離與夾角，慢慢讓影子疊合，仔細觀察影子的顏色和深淺的變化。

Step 4

將紅光放右邊，藍光放左邊，輪流切換開關，注意二個影子的顏色變化，找出二個影子分別是由哪道光控制的。為什麼影子會是這個顏色？改用其他色光試試。如果在手電筒前端同時疊上紅色與藍色玻璃紙，這時候產生的光影變化還會跟前面相同嗎？為什麼會這樣？

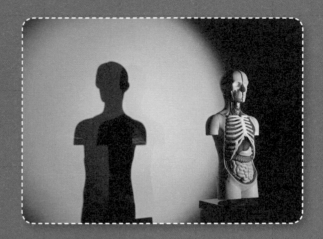

Step 5

如果一個是紅光，另一個則是原本手電筒的白光，影子還會是彩色嗎？換成二盞紅燈呢？出現什麼顏色的影子？

 實驗步驟 —— 光影變幻

Step 6

同時將紅光、綠光、藍光照射在人偶上，在牆面投影出幾個影子？影子是什麼顏色？調整角度與移動人偶，仔細觀察影子疊合處的變化，你最多能創造出幾種顏色？

 延伸思考

如果手邊還有其他顏色的玻璃紙，試試不同色光下的光影變化？當海報背板顏色不同時，產生的光影變化又是怎樣呢？這樣的彩色影子可以有什麼應用或創作？改變手電筒距離與角度，創造出特別的光影造型。

直線前進的光被不透明物體阻擋，在物體背後沒有被光照到的區域就會形成「影」。影子是黑的嗎？當周圍光線比較弱的時候，亮與暗的對比使我們覺得影子是黑色，不管光是什麼顏色，一道光源在障礙物後產生的影子都是相對暗的。

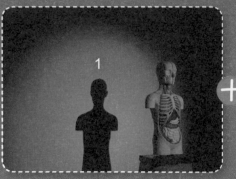

▲ 打開左方的紅燈，產生黑影子1。

▲ 關掉紅燈，打開右方的藍燈，產生黑影子2。

什麼情況下，影子才會有顏色？光通過半透明有顏色的物體，就會產生有顏色的影子。或是當光源不只一道，影子被其他色光照射就會有顏色。例如當紅燈、藍燈同時打開的時候，就會出現彩色影子，一個藍色，一個紅色。將二個彩色影子慢慢靠近，彩色影子疊合後變黑，就像平常看到的影子，代表光都被遮住了。

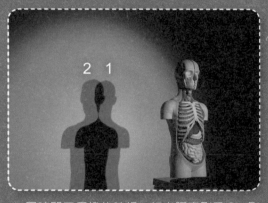

▲ 同時開二個燈的時候，紅光照亮影子2，影子2變成紅色。影子1則被藍光照亮變成藍色。背景則被混色成洋紅色。

如果更多手電筒，例如使用紅、綠、藍三種色光，影子還會產生青、黃、洋紅的顏色變化，這是色光疊合。紅、綠、藍是光的三原色，所有的光線都可以用紅、綠、藍三種光線相互疊加而成。藍光產生的影子被紅光與綠光同時照射，影子就變成黃色。

只是把紅色和綠色玻璃紙疊在一起照射時，手電筒並不會發出黃光，反而變更暗。這是因為紅色玻璃紙只讓紅光通過，而紅光卻不能通過綠色玻璃紙，因此就變暗了。

▲ 紅綠藍不同色光組合，當三種色光強度一致時，就混合成白光。

番外篇 從彩色影子到立體影子！

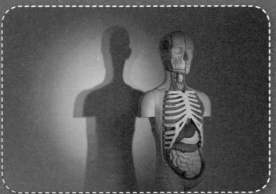

▼ 在玩偶模型的左邊打紅光，右邊打藍光，搭配左眼紅色、右眼藍色的立體眼鏡，影子是不是有浮起來的感覺呢？

看 3D 電影時會使用的立體眼鏡，其中色差式紅藍眼鏡所觀看的特殊相片，就跟我們紅藍疊合的影子相似。

製作紅藍眼鏡的方法很簡單，只要在紙上描繪出眼鏡的樣子，再分別在左眼貼上二層紅色玻璃紙，右眼貼上二層藍色玻璃紙，就完成了。

接著將紅光手電筒放左邊，藍光手電筒放右邊，對著人偶調整手電筒角度，製造一個左側微紅、右側微藍的影子。

拿出做好的紅藍眼鏡看看這組影子。試試看，只透過紅色濾鏡可看到什麼影子？而藍色濾鏡又可看到什麼？調整身體與影子距離或改變紅藍比例，眼中所見到的影子，是不是變深且有浮出牆面的感覺呢？將立體眼鏡翻個面，變成右紅左藍，結果跟剛剛有什麼不一樣？

透過紅藍眼鏡為什麼會讓影子有浮起來的感覺？要在一個平面上產生立體影像，就是

要產生視差。平常我們看一個物體時，左右眼所見到的物體遠近、角度不同，二組影像傳進大腦後才組成立體模樣。手電筒由不同角度照射，讓二組影子產生視差，接著透過紅藍眼鏡讓兩眼分別接受不同的影像資訊，進而重疊成立體效果。

透過自製眼鏡觀看網路上搜尋的紅藍立體圖片，也很好玩！不過要注意，有些影像紅藍分布相反，這時候立體眼鏡也要跟著調整左右眼喔！ 科

彩色影子實驗影片

作者簡介

何莉芳 臺中市福科國中老師，喜歡從生活中找尋實驗題材，讓學生有玩不完的 DIY 實驗，並且將實驗的精采過程記錄在「zfang の科學小玩意」部落格。

光影調色盤──彩色影子

國中理化教師　林信廷

關鍵字：1.影子　2.光　3.顏色

主題導覽

影子的形狀，是光線直線前進的重要證明之一。雖然我們也可以藉由使用雷射筆朝瀰漫著煙霧的空間照射，來觀察到光線是直線前進的，但影子的形狀跟擋住光的物體一樣，日常生活中就可以觀察到。

雖然光線在均勻介質中是直線前進的，我們還是會因為光源的不同，而觀察到不同的影子。如果我們使用的是像燈泡這樣的光源，光線自燈泡放射狀的發散出去，影子的面積會隨著光源、物體與牆壁三者之間的距離改變，而有不同的大小；如果是平行光源，不管物體怎麼移動，物體投影到牆上的影子面積都是相等的。生活中最常見的太陽光就是一種平行光喔。

為何太陽跟燈泡形狀一樣，都是球狀，卻一個發出平行光線，另一個發出放射狀光線呢？那是因為它們對於我們來說，大小不同。燈泡的直徑約 2 公分，地球的直徑約 6400 公里，也就是 640000000 公分，而太陽的直徑約為 1391000 公里，也就是 139100000000 公分，是地球的 217 倍。如果你的身高是 155 公分，那太陽的直徑就是你身高的 9 億倍。

對太陽來說，我們實在太渺小了，所以假設可以把太陽放在我們面前，那看起來

會像是一面無窮無盡的平面牆壁。就像我們去海邊看到的海平線其實就是地球表面的曲線，但看起來像是直線，如果再把它拉長 217 倍，那就是太陽表面的曲線了，會非常接近直線。因此太陽對我們來說，彷彿是一面會發光的牆壁一樣，太陽光也就是平行光了。

在生活中，尤其像是在教室，或在家中的客廳等多光源的地方，觀察到的影子其實跟書上講的不太一樣，我們都覺得影子是黑色的，但在這些地方看到的影子卻有一種重疊的效果，其中有些部分是黑色的，有些地方卻是灰色的。這是因為當其中一個光源製造出影子時，另外一個光源的光線有機會照射到那個影子的一部分，所以那一部分就沒那麼黑，而是看起來灰灰的。

像這種灰色的、有被其他光線照到的影子，稱為「半影」，而全黑的，沒有被光線照到的稱為「全影」。

光與顏色

西元 1666 年，牛頓使用三稜鏡將白光分開為七彩，此現象稱為「色散」。

後來牛頓又證明，用三稜鏡將七彩聚集，可以得到變成白光。後來更進一步的發現，最重要的光有三種：紅光（Red）、綠光（Green）、藍光（Blue），依不同比例

混合這三種色光，就可以調出世界上所有的顏色，所以這三種顏色稱為光的三原色。

許多繪圖軟體在選擇顏色時都有 RGB 模式可以調色。例如，三種色光都有，而且強度相等時，眼睛看起來為白色光；強度相等的紅光加綠光，眼睛看起來是黃色光。這裡要注意的是，我們討論的是「光」的混合結果，而不是「顏料」的混合結果喔。

而另一個容易誤會的地方是，並不是所有的黃色光都是由紅光加上綠光製作出來的。光是一種電磁波，電磁波中波長390 ～ 700 奈米之間的連續區域都是眼睛可以接收到的電磁波，也就是可見光，而且頻率不同，看起來的顏色就不同。這

麼廣的範圍中，當然包含了各種顏色的光，所以其實也是有純色的黃光的（波長570 ～ 590 奈米之間），只是我們利用紅光加綠光可以騙過眼睛，讓眼睛以為看到的是黃光。

生活中的電視、電腦螢幕等等，每個小光點都包含三種光線，藉由調整色光的比例，決定輸出的顏色。所以同學們可以去找出三支手電筒，然後個別用紅色、綠色與藍色的玻璃紙把它們包起來，就可以製造出紅光、綠光與藍光。再把這些手電筒往同一個地方照射，就能做出跟〈光影調色盤──彩色影子〉一樣的混合色光實驗。

挑戰閱讀王

看完〈光影調色盤──彩色影子〉後，請你一起來挑戰下列的幾個問題。

答對就能得到👍，奪得 10 個以上，閱讀王就是你！加油！

（　）1.如果有一個物體，某一面的面積是 5cm²，如果把這個物體以此面放在正中午的太陽光底下，影子的面積應該是多大？（這一題答對可得到 3 個👍哦！）

①2cm²　②5cm²　③10cm²　④30cm²

（　）2.科學家說地球是球狀的，但我們生活於其上時，卻覺得地球是平的，請問原因為何？（這一題答對可得到 3 個👍哦！）

①古代人才是對的，地球是平的

②地球對我們來說太大了，我們只接觸到它的一小部分，所以誤認它是平的

③地球其實形狀不規則，是我們剛好住在平的那一面

④這個原因還不知道，等待科學家研究中

（　）3.下面哪一種情況能觀察到半影？（這一題答對可得到 3 個👍哦！）

①在漆黑的房間中

②在太陽光底下

③用一隻雷射筆照物體

④在開啟數個燈泡的教室中

（　）4.把光的三原色：紅、綠、藍光混合，眼睛會看起來是白光，如果是混合紅、綠、藍色的顏料，會變成什麼色？（這一題答對可得到 3 個👍哦！）

①黑色　②白色　③黃色　④靛青

（　）5.三原色的調色盤功能稱為什麼？（這一題答對可得到 3 個👍哦！）

① VGA　② MLB　③ NBA　④ RGB

延伸思考

1.天狗來了！古代人認為，日食或月食是因為天狗過來吃了它們，閱讀完本學習單後，請想想，為什麼會有日食跟月食的現象呢？

2.從宇宙中的第一道光線形成以來，影子就存在，古代人的智慧是利用影子製作出日晷來估算時間，那現代人如何利用影子呢？韓國的行銷公司有個不錯的創意喔，請自行搜尋「日晷 QR code」。

3.「影子有什麼了不起，不就跟擋住光線的物體長得一樣？」同學，放射狀的思維比你想像的更有趣喔，請自行搜尋「球極平面投影」或「stereographic projection」，看看別人如何巧妙的設計球狀的裝置藝術，來產生令人讚嘆的影子。

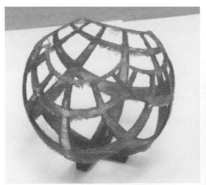

▲看起來不起眼的球狀結構。

▶用燈光以特殊角度照射，可以做出美麗的影子圖案喔。

圖源：林嘉廷

讓電池 Level Up

石墨烯

構造簡單的新材料，讓電池體積
更小、充電更快、效能更好！

撰文／高憲章

石墨烯的結構

石墨烯由排列成六角型蜂窩狀的薄薄一層碳原子所組成，因為很薄，所以透光度高。
每個鍵結以共振結構穩定存在，電子不斷在鍵結之間轉移，也讓它榮登世界上電阻率最小的材料喔。

120°

1.42x10⁻¹⁰ 公尺

繪圖：Uncle Alvin

還記得Pokémon GO剛推出的時候，大街小巷都是人手一機的在抓寶，不過仔細觀察一下，許多人的手機還會接上俗稱「尿袋」的行動電源充電，免得在緊要關頭手機沒電。帶行動電源出門好麻煩，難道沒有更方便的選擇嗎？這就要從手機的設計談起了。

玩家總是希望手機螢幕大一點，看起來畫面漂亮，也方便操作。但是大螢幕比較耗電，若是想要增加電池電量，手機體積就得變大，而笨重的手機偏偏沒人想要用，真是兩難！

不過最近電池界出現了一種可以把電池體積變小、效率又提高的救星，這個材料很年輕，被發現、製作出來的時間只有短短十幾

年，它叫做「石墨烯」。

什麼是石墨烯？

石墨烯是什麼？和石墨有關嗎？在討論石墨烯之前，我們先來了解什麼是石墨吧。日常生活中常用到的鉛筆的筆芯，就是用石墨做成的，石墨是由一層一層的碳原子堆疊而成，每個碳原子都與三個碳原子相鄰，並且位在同一個平面上，不過一個碳原子不是應該有四個鍵結嗎？第四個跑去哪了呢？最後的一個鍵，為了滿足每個碳原子都形成四個化學鍵，於是以雙鍵的形式共振，一下子出現在這邊，一下子出現在那邊，結果當這樣的平面結構無限延伸出去的時候，我們會看到一大堆碳原子以正六角形的平面排在一塊

兒，無數的共振結構穩定著這同一層平面，接著一層一層疊起來，就形成了石墨。

這種層狀結構讓鉛筆容易書寫。因為在石墨中，層與層之間沒有化學鍵，所以每一層之間比較鬆散，容易分家。當石墨在紙上劃過的時候，手指加壓的力道可以破壞層與層之間的關係，有些層就這樣滑溜到紙上去，那就是我們所看到的鉛筆筆跡啦！

不過石墨中的這些碳原子不一定都是排成同一個方向，像鉛筆用的這種石墨叫做「非均向性石墨」，意思就是它的排列方向比較亂；相反的，排列較整齊的就稱為「均向性石墨」。由於共振結構是電子四處轉移的結果，這使得石墨具有導電性，因此碳原子排列得愈整齊，導電度就愈好。

既然石墨是一層一層的，那麼有單一層的石墨嗎？嘿嘿，這種只有一個原子厚度、單一層碳原子的材料，就叫做「石墨烯」。它是世界上最薄的材料，同時兼具柔軟度與堅固性，電阻比銅和銀還低，而且還是透明

我有問題！

鑽石也是碳組成的，它和石墨烯有什麼不同？

石墨構造
石墨是由一層層碳原子平面所組成。

鑽石構造
鑽石是碳原子以立體結構的方式所組成，質地非常堅硬。

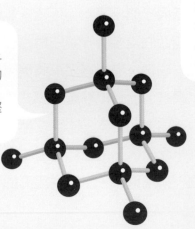

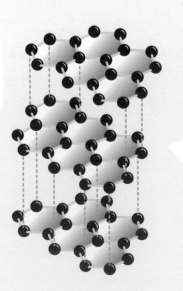

繪圖：Uncle Alvin

繪圖：曾建華

的！石墨烯是現代科技最夢幻的逸品材料，2004 年才被製作出來，而且它的發現和製造技術還讓發明者得到了 2010 年諾貝爾物理獎。

石墨烯怎麼做？用膠帶撕吧！

　　因石墨烯而拿到諾貝爾物理獎的，是一對師徒，做為指導教授的蓋姆是歷史上唯一既是諾貝爾物理獎得主，又是搞笑諾貝爾獎得主的科學家；另外一位蓋姆的學生諾伏西羅夫，則是繼 1973 年之後最年輕的諾貝爾科學獎項得主，他得獎時只有 36 歲。得獎之後，他們捐給諾貝爾博物館三件物品，分別是一塊石墨、一卷膠帶，還有一個石墨烯電晶體，這三件物品可說是他們整個研究過程的結晶。

　　如果用書來比喻層狀的石墨的話，石墨烯就是書裡的其中一頁，原本科學家們認為這樣的材料不可能存在，而這對師徒在進行研究時，一開始的目標也僅放在製作出 100層左右的石墨來進行實驗。他們使用研磨的方式，希望能夠達到這個目標，研磨一陣子就必須用儀器來量量看，到底這個石墨有沒有更薄一些。

　　某天他們看到有一名操作儀器的工程師，用膠帶清潔儀器表面上殘留的石墨，他們靈機一動，拿了一片已經黏有石墨的膠帶，再拿一片乾淨的膠帶，二片互相貼在一起之後，再撕開，於是本來那片膠帶上的石墨就被黏走了幾層，再換一張新的膠帶，再黏掉幾層石墨……一次又一次反覆的愈黏愈薄，最後他們真的在膠帶上找到只剩下一層的碳原子，排得整整齊齊，只有一個原子層的厚度，石墨烯就這樣被做出來啦！

　　石墨烯被證明可以穩定的存在之後，各種石墨烯的研究迅速的拓展開來，石墨烯的製

備方式也愈來愈多，使得這個材料的取得愈來愈容易，也變便宜了，所以下一步，就是將它應用到生活中了。

> 蓋姆與諾伏西羅夫拿到諾貝爾物理獎之後，捐給諾貝爾博物館的石墨、膠帶，和石墨烯電晶體。

電池領域一展長「材」

石墨烯最棒的特性之一就是薄，超乎想像的薄，再加上絕佳的導電性，這使得石墨烯非非常適合應用在能源相關的材料上。

舉個例子：電池裡的電極與電池液接觸面會影響到發電的效率，兩者的接觸面積愈大，發電的效率就愈好。因此有很多研究電池的人，想辦法把石墨烯應用在電極上，因為薄薄的石墨烯可以把接觸面積擴大好多倍，讓電池變得更有效率。若是手機用的鋰電池，改用石墨烯和其他材料組成的複合元件，藉著大面積、超薄厚度和材料的穩定性，來加強鋰電池充電的穩定性和速度，也許日後我們的手機充電只要一下下就能使用，而且也不用擔心充電的時候發熱喔！

另一個石墨烯可以大顯身手的舞臺是太陽能電池，石墨烯不只超薄、導電，還很透光，對於可見光的透光率可達 97.7%，幾乎是完全透明的材料。目前太陽能電池的效率非常低落，把太陽光轉換成電能的效率大多都只有 10% 左右，科學家們希望能用石墨烯取代目前太陽能電池產業中汙染最嚴重的矽晶片，或是導電玻璃 ITO，希望能夠提升光電轉換效率。如果能夠成功，我們屋頂上裝的太陽能板就不只能提供家庭用電，還能有多餘的電力儲存下來，這樣的未來多麼令人興奮呀！

一個生活中最常接觸到的化學元素，跌破眾人眼鏡的組成了原先被科學界認定不可能存在的材料。夢幻材料石墨烯，將會大大改變我們的未來！ 科

作者簡介

高憲章 在淡江大學理學院科學教育中心擔任執行長，同時負責化學下鄉活動計畫，跟著行動化學車全臺跑透透，經由各種化學實驗與全臺各地的國中生分享化學的好玩與驚奇。因為個子很高，所以是名符其實的高博士。

圖片來源：Wikimedia Commons

讓電池 Level Up ——石墨烯

國中理化教師　吳重寬

關鍵字：1. 石墨烯　2. 同素異形體

主題導覽

21 世紀的今日，全球石油日漸短缺，再加上過度使用石化燃料，造成空氣汙染、全球暖化等環保問題日益嚴重，導致再生能源議題備受關切，也讓使用再生能源的電動車愈來愈受到歡迎。其實電動車早在 19 世紀末、20 世紀初就出現了，但它的續航力一直是個大問題，因此無法普及，而這個問題的根源就是電池。電池的容量太小、壽命短以及充電時間過長，這些無法克服的問題，讓電動車的發展遇到了瓶頸，不過這一切都在新材料——石墨烯被發現、製造之後，似乎有了轉機。

同素異形體

拆開乾電池，觀察內部的結構，你會發現中間有一根黑色的東西，那是石墨棒。石墨和鑽石都是由一樣的元素——碳所構成的，在化學上我們把這類由相同元素所組成，但有著不同結構的物質稱為同素異形體。

碳的同素異形體很多，最為人們所熟知的就是：鑽石、石墨、芙（巴克球），而石墨烯是最近十幾年才加入到這個家族當中。巴克球的結構是由 60 個碳原子以類似足球狀的方式所組成的 32 面體；鑽石的結構是碳原子以立體結構的方式所組成的；石墨是由一層層碳原子平面所組成的。

雖然這些物質都是由同一種元素組成的，但彼此之間的性質差異性很大。以鑽石和石墨為例：鑽石是摩氏硬度表上最堅硬的物質，而石墨卻很鬆軟；鑽石是絕緣體，而石墨是良導體；鑽石的透光性很好，而石墨不透光。

石墨烯是什麼？

那石墨烯到底是什麼呢？我們先前提到石墨是由一層層的碳原子平面所組成的，在每一層碳原子平面中的每個碳原子會與另外三個碳原子相接，以這樣的平面結構

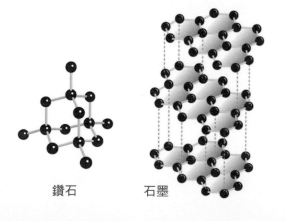

鑽石　　　　石墨

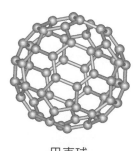

巴克球

石墨烯

延伸出去，最後會形成一大堆原子以正六角形的平面排在一起，然後接著一層一層的堆疊起來，就形成我們看到的石墨了。如果把石墨一層一層剝下，最後只留下一層碳原子平面的物質就是石墨烯了。

石墨烯是怎麼被找到的？

原先石墨烯這樣的材料，大多數科學家都認為不可能穩定的存在於室溫環境中，畢竟已經有太多人失敗了，而蓋姆和諾伏西羅夫這對師生也是嘗試多次失敗，就在他們要放棄的時候，突然看到一名技術人員正拿著膠帶黏貼附著在儀器表面上的殘留石墨。

雖然這個動作他們不知已經看過了幾次，可是當這個動作又再次出現在他們眼前時，他們知道「就是這個了」。於是他們立刻拿了一些乾淨的膠帶，反覆的黏貼石墨使得石墨愈來愈薄，最後他們在膠帶上找到只剩下一層碳原子平面的物質，石墨烯就這樣被蓋姆和諾伏西羅夫找到了！

科學上有許許多多的發明與發現都是歪打正著，但說是歪打正著對那些科學家其實並不公平，因為在結果出來之前，那些科學家已經不知道花了多少時間在研究相關問題。就拿牛頓來說好了，絕不是一顆蘋果砸到他的頭後，他就發現萬有引力了，事實是在這之前他已經苦思相關問題許久，而蘋果掉下來只是將他的整個思緒串連起來的一個關鍵點。

機會是留給有準備的人，平時不努力的人，往往會錯過出現在他眼前的機會。

石墨烯的用途

石墨烯雖然被量產到現在不到 20 年，但有關於它的研究報告、製造方法、應用方面卻是一年比一年多，最主要的原因就是蓋姆和諾伏西羅夫樂於與他人分享他們的研究成果，讓眾人得以參與其中，於是石墨烯的可能性變得愈來愈多。

石墨烯雖然是從石墨上分離出來的，但它的性質跟石墨卻不大相同。石墨烯是目前世界上最薄但也是最堅固的奈米材料，所以我們把它拿來做為電池的材料。電池裡的電極與電解液的接觸面積會影響到發電的效率，接觸面積愈大，發電效率就愈好。於是把石墨烯應用在電極上，可以把接觸面積變成原來的好幾倍，讓電池的發電效率變得更好。除此之外電池的穩定性和充電速度也都可以在使用石墨烯後得到改善。

石墨烯的電阻比我們原先認為是最小的銀元素還要更小，是目前世界上電阻值最小的材料。因為它的電阻小，電子的移動速度快，因此可用來發展出更薄、導電速度更快的新一代電子元件或電晶體，甚至有機會可以取代矽做為新一代半導體的材料，進入到我們生活當中各式各樣的電子產品裡。

石墨烯也是一種透明、良好的導體，所以很適合用來製造透明觸控螢幕、太陽能電池，如果能同時提升太陽能電池的轉換

效率，或許能源危機的解決方案就在石墨烯上。

原本認為不可能存在的材料——石墨烯，被蓋姆和諾伏西羅夫發明出來之後，在眾多科學家的努力之下，將有機會大大改變我們的未來。

挑戰閱讀王

看完〈讓電池 Level Up ——石墨烯〉後，請你一起來挑戰下列的幾個問題。

答對就能得到👍，奪得 10 個以上，閱讀王就是你！加油！

( ) 1. 由相同的元素所組成，但是卻有著不同結構的物質，我們稱之為？（這一題答對可得到 3 個👍哦！）

①同位素　②同素異形體　③同分異構物　④同系物

( ) 2. 石墨烯是從何種物質上分離出來的？（這一題答對可得到 3 個👍哦！）

①石墨　②鑽石　③芙　④木炭

( ) 3. 電池電極與電池電解液的接觸面積會影響到發電的效率，接觸面積愈大，發電效率就愈好。我們利用石墨烯做為電池的材料，最主要是看上石墨烯的那一個特性？（這一題答對可得到 3 個👍哦！）

①堅硬　②透光　③薄　④電阻小

( ) 4. 因為石墨烯的厚度就只有一個碳原子的直徑，所以石墨烯這個材料已經達到何種等級？（這一題答對可得到 3 個👍哦！）

①厘米級　②毫米級　③微米級　④奈米級

延伸思考

1. 科學史上有許許多多歪打正著的發現，試著去查一查這些科學家發現的過程，你會發現其實並不是我們想像中的簡單。（例如：厄斯特發現電流磁效應，侖琴發現 X 光，貝克勒發現放射性物質⋯⋯）

2. 碳的同素異形體除了石墨、鑽石、芙、石墨烯這些，還有很多，查一查它們的相關結構與用途，對它們能有多一點的了解。

3. 石墨烯有太多特殊的性質，導致於它運用在科技上有著多樣的可能性，除了文中所提到的應用外，查一查它還可能可以用在哪些發展上。

熱情繽紛 奇幻的熱致變色

把熱水倒進馬克杯裡，杯子外面的圖案竟然改變了！
原來這種「變色馬克杯」上的圖案是塗了一種特殊的
顏料，一遇到熱就會改變顏色或消失喔！

撰文／趙士瑋

圖片來源：：damianosullivan：：繪圖：：曾建華

聰明的你，發現阿文的詭計了嗎？阿文和小敏的杯子看起來一樣，阿文故意把有字的那面藏起來，不過更奸詐的是原來小敏的杯子是遇到熱才會顯現文字，冷卻後字就會消失的變色馬克杯，這種杯子的表面塗的是一種特殊的顏料，一遇到「熱」就會改變顏色，就稱為「熱致變色」囉！

可是，熱會改變物體的顏色是什麼原因呢？除了馬克杯之外，生活中還有什麼物品應用到熱致變色的材料嗎？這期圖解科技，就要和各位讀者一起探索解謎！

為何遇熱就變色？

很久以前，人們就已經知道有熱致變色這回事了，例如鐵在室溫下是銀灰色，但在高溫下會被燒得紅紅的！看到這裡，我知道你想問什麼，把鐵燒紅跟變色馬克杯，變色原理是一樣的嗎？把鐵燒紅需要的溫度遠比變色馬克杯要高出許多耶！其實這兩者是不同的原理，不過都可以達成熱致變色的效果。

為什麼高溫下鐵會呈現紅色？這就要回到萬物的根本，從微小的原子、電子開始說起。鐵和自然界裡所有的物質一樣，是由一個個原子堆疊在一起所組成的。夏天天氣熱的時候，關在教室裡的你一定是心浮氣躁，坐也坐不住吧！原子也是一樣，溫度很高的時候，就會想要動來動去，到處亂跑，換句話說具有較高的「能量」。這些能量會被原子外圍的電子吸收，這下充滿活力的電子將會「跳躍」進入能量較高的位置，用專業一點的術語來說，這時電子發生「能階躍遷」，不過如果外加的能量減少了，就會回到原先的位置，此時多餘的能量只好以光的形式放出。就像鐵放出的剛好是人眼能看見的紅光或黃光，而產生熱致變色的現象啦！

除了電子的能階躍遷外，化學結構重新排列也是常見的熱致變色原理。像是某些有機化合物遇熱時，會發生官能基的改變，或因為結構中電子跑來跑去使得雙鍵位置移動改變了外觀顏色。

 電子移動造成熱變色

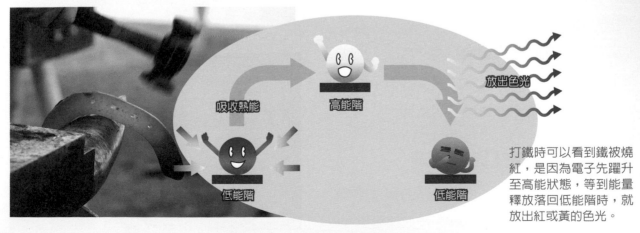

吸收熱能　高能階　放出色光

低能階　　低能階

打鐵時可以看到鐵被燒紅，是因為電子先躍升至高能狀態，等到能量釋放落回低能階時，就放出紅或黃的色光。

圖片來源：pixabay　繪圖：黃榆儒

化學結構改變而變色

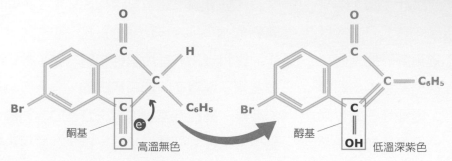

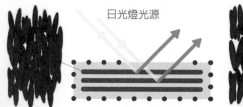

酮基　高溫無色　　　　　　　　　　　C₆H₅

醇基　　低溫深紫色
OH

有機化合物的官能基有時會因為遇熱，像是碳氧雙鍵的酮，因為電子移動而使得官能基變成氫氧單鍵的醇，結構改變導致顏色變化。

 ## 液晶隨溫度而變色

日光燈光源

高溫時，液晶分子間距緊縮，會反射出波長較短的色光，例如藍光；低溫時，液晶分子間距較寬，會反射波長較長的光，例如紅光。

　　還有經常用在電視、電腦、手機螢幕裡的「液晶」，也可以設計成隨著溫度不同而呈現各種色彩。液晶的「分子」是橢球形，長得像長米粒一樣，在不同的溫度下，「米粒」的間距會跟著改變，所以在光照下會顯現不同的顏色。對入射的光線而言，裡面的結構就像千層蛋糕，每往前走一點就會碰到另一「層」而產生反射。而在陽光或日光燈的光（混合七彩色光的白光）照射下，就由液晶分子間距決定反射出不同的色光！也就是說透過溫度的調整，可以改變液晶中反射出來的色光，達到熱致變色的效果。

熱致變色，就在你我身邊

　　說了那麼多，究竟在生活中還有哪些應用熱致變色的例子？以下就舉出幾個來瞧瞧：

煮蛋計時器

　　沒錯！就是讓完美白煮蛋不再難如登天的超強工具「煮蛋計時器」。把計時器和蛋一起放進滾水裡，當熱由表面開始，漸漸深入計時器的內部，裡面熱致變色材料的顏色就會跟著由外而內變深。依據變色部分的多寡，可以判斷蛋的熟度，不管是想吃全熟的還是半熟軟Q的「溫泉蛋」，都不用聽天由命！

圖片來源：Nimloth250；繪圖：黃榆儒

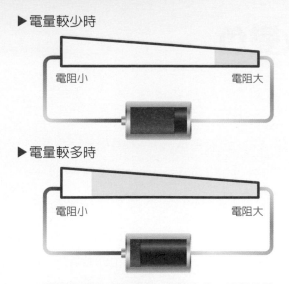

▶ 電量較少時

電阻小　　　　　　　　電阻大

▶ 電量較多時

電阻小　　　　　　　　電阻大

電量條都是從較薄窄、電阻大的一端開始變色，變色區域從薄窄端往厚寬端擴展，代表電池電力愈飽滿。

電池電量檢測

有些電池上會設計一個「電量條」，只要同時按壓兩端，就可以從變色的區域多寡判斷電池的剩餘電量，這個也是熱致變色的應用！浮貼在電池上的電量條，只有按下兩端的時候，才會和電池形成迴路，讓電流通過。電量條是一個很小的「電阻」，也就是說電流流過時會產生熱，所以電量條就漸漸熱起來，這時塗在上面的熱致變色材料就會慢慢變換顏色啦！

但是只要有電就會變色，那要怎麼知道電量多寡呢？原來電量條兩邊長得並不一樣，一邊比較薄、比較窄，產生的電阻比較大，另一邊是比較厚、比較寬，產生的電阻比較小。當電池電量不太夠的時候，薄窄端電阻較大因此產生的熱較多，厚寬端因為電阻小而產生的熱較少，所以只有薄窄端會變色。而當電量相當充足時，就算是電阻小的厚寬

端，也會因為電量充足而產生足夠的熱變色，因此就能分辨電池內的電量多不多囉！

熱感紙

家裡、辦公室常用的印表機，多半是在紙上噴印油墨或轉印碳粉，但你或許不知道，熱致變色也可以用來印刷喔！只要把塗滿熱致變色材料的「熱感紙」送進特殊的熱感式印表機，裡面的熱針頭就會根據指令加熱指定部位，讓紙變色呈現圖案、文字。

其實便利商店打印發票，使用的就是熱感式印刷技術！不妨自己實驗看看，把超商給的熱感式發票紙，放在打火機上烘烤看看，發票的變化一定會讓你大吃一驚！

了解熱致變色的原理和應用之後，聰明的你，能不能找到更多生活中熱致變色的例子呢？　　科

熱感式發票是用熱致變色材料顯現文字的，遇熱就會變黑且不可復原，因此不小心就會黑成一團。

作者簡介

趙士瑋　目前任職專刊律師事務所，與科技相關的法律問題作伴。喜歡和身邊的人一起體驗科學與美食的驚奇，站上體重計時總覺得美食部分需要克制一下。

圖片來源：pixabay　繪圖：曾建華

熱情繽紛——奇幻的熱致變色

國中理化教師 姜紹平

關鍵字：1. 熱致變色　2. 能階躍遷　3. 液晶

主題導覽

近來在網路上流行購買變色馬克杯用，當裝入熱水或冷飲時，杯外的圖案就顯現出來，看來很神奇。變色杯的原理是什麼呢？這是利用一種特殊的物質，其遇到「熱」就會改變顏色的性質，稱為「熱致變色」的現象。

變色馬克杯設計是將特殊的物質印於杯子的最外層，在杯壁外側塗上變色顏料，倒入熱水後，杯壁上會顯現出不一樣的圖案，讓人因為科技變化而產生無窮的樂趣。

還有哪種熱致變色原理呢？像是鐵被燒得很燙時會變成紅黃色，這現象則是因為原子內的變化造成的。自然界的物質是由原子堆疊在一起所組成的，物質的化學性質及光的性質絕大多數決定於原子內最外層的電子。當溫度升高時，能量會被原子最外層的電子吸收，這時充滿活力的電子將會「跳躍」進入能量較高的位置，學術上稱電子發生了「能階躍遷」，不過當外界施加的能量減少了，就會回到原先的位置，此時多餘的能量就會以光的形式放出。

當能量以不同顏色的光放出時，我們看到的外觀就會變色了，鐵在室溫下是銀灰色，但加熱到 600℃ 時會放出暗紅色光，而加熱到 800℃ 放出橘紅色光，如果加熱

到 900℃ 以上則會放出亮黃色的光。不同溫度的鐵，內部電子回到原本能階時放出熱量也會不同，因此就放出不同能量等級的色光啦！

在這補充說明一下，太陽光的光譜中，人眼可以感受的部分稱可見光。科學家牛頓發現太陽輻射的白光，通過透明的三稜鏡後，會被折射色散成為紅、橙、黃、綠、藍、靛、紫七種顏色，紅光波長最長，紫光波長最短；也就是說釋放出紅光時能量較低，放出紫光時較高。

變色馬克杯其實還可以分成熱變色、冷變色，常見的熱變色的溫度在 40℃ 以上顏色就會發生變化；冷變色杯的溫度則是 20℃ 以下時顏色才發生變化。把鐵燒紅需要的溫度遠比變色馬克杯要高出許多，這二者是不同的原理，不過都可以達成熱致變色的效果。

除了上述的兩種熱變色以外，還有生活中常見的液晶，液晶材料於西元 1888 年被奧地利植物學者萊尼澤博士發現，後來德國物理學家雷曼又發現光線碰到該結晶時方向會改變，且液體的顏色會很鮮明；實際上的液晶其狀態存於固態及液態之間，因此法國物理學家佛利戴爾將其取名為「液晶」。

西元 2000 年後由於液晶平面顯示器的技術發展漸趨成熟，其應用面也隨著資訊、通訊和網路技術的進步而被大量的運用，例如用於筆記型電腦、手機、電視和攜帶式產品等，因此輕薄短小的顯示器完全替代傳統的映像管，你可以試著找找看生活周遭是不是有很多物品含有液晶。

液晶還常應用在某些小物品上，像是有些鹼性電池在包裝上會設計一個電量條，方便使用者檢驗電池的剩餘電量（電池的電量：指電池單位時間內所釋放出的電能），電量條為什麼會變色呢？

因為電量條中的變色帶是一種液晶，此種液晶會隨著溫度的變化而變色。電量條變色時，為什麼總是從某一端開始變色，而不從另一端開始變色，或是全部一起變色呢？當電池電量不太夠的時候，薄窄端變色帶的電阻較大因此產生的熱較多，厚寬端因為電阻小而產生的熱較少，所以只有薄窄端會變色。而當電量相當充足時，就算是電阻小的厚寬端，也會因為電量充足而產生足夠的熱變色，因此就能分辨出電池內電量的多少！

生活中最常使用的熱變色材料，應該就是常常去超商買東西時給的發票或收據了，這種紙是熱感應紙，熱感應紙的原理主要是在紙張上塗上油墨（顯影劑和熱感應原料），當紙張經過機器高溫，紙張塗層的熱感應原料會起反應而呈現出圖案、文字。

某一年臺東縣中小學科展國小組第一名，以「樂透彩券的祕密」為題做科學研究，他們發現熱感應紙印製的樂透彩保存不慎，數字會消失。經過實驗發現熱感應紙遇熱變黑不可復原，濕度也會讓感熱紙變成全白的無字天書。熱感應紙可特別應用在需要快速列印或能隨身攜帶的裝置上，像是傳真機、收銀機與信用卡刷卡機等，印出樂透彩券、路邊停車的繳費單、車票、超商開的電子發票、收據等。

生活中熱致變色的應用其實還更多喔！

像變色溫度計（放在小孩額頭上量取溫度）、情緒戒指、嬰兒奶瓶（奶水涼到能喝的溫度時改變為不同顏色）、水壺（水處於接近沸點時變色）、寶寶的熱變色衣（依顏色發生變化，及時掌握寶寶的身體情況）、變色玻璃、藝術品名牌服飾的防偽標誌、軍事上的變色坦克……等，不妨仔細看看周遭有哪些熱致變色的物品吧！

79

挑戰閱讀王

看完〈熱情繽紛——奇幻的熱致變色〉後，請你一起來挑戰下列的幾個問題。

答對就能得到👍，奪得 10 個以上，閱讀王就是你！加油！

（　）1.下面哪種物品不是應用熱致變色的原理？（這一題答對可得到 2 個👍哦！）

　　　①電池上的電量條　②霓虹燈管　③情緒戒指。

（　）2.下列選項的敘述，哪些錯誤？（複選）（這一題答對可得到 4 個👍哦！）

　　　①變色馬克杯，是因杯子表面塗上特殊的顏料，遇到熱而改變顏色

　　　②打鐵時可以看到鐵變色，是因鐵內部電子的移動造成熱變色

　　　③馬克杯和鐵遇熱會變色，二者的原理相同

　　　④變色馬克杯的效果屬於光致變色

（　）3.經常用在電視、電腦、手機螢幕裡的「液晶」，可以設計成隨著溫度不同而呈現各種色彩，在高低溫作用下，液晶會有哪些變化？（複選）（這一題答對可得到 4 個👍哦！）

　　　①高溫時，液晶分子間距緊縮，會反射出波長較短的色光

　　　②低溫時，液晶分子間距較寬，會反射出波長較短的色光

　　　③藍光的波長＞紅光的波長

　　　④黃光的波長＞藍光的波長

（　）4.常見的熱致變色原理，除了化學結構重新排列外，還有電子的能階躍遷，有關能階躍遷原理的敘述，會產生哪些現象呢？（複選）（這一題答對可得到 4 個👍哦！）

　　　①當鐵加熱到 800℃左右呈橘紅色

　　　②所有的物質是由一個個原子堆積而成，當溫度升高時，原子就擁有較高的能量

　　　③這些能量會被原子外圍的質子吸收，這下充滿活力的中子將會「跳躍」進入能量較高的位置

　　　④如果增加的能量減少，電子就會回到原先的位置，多餘的能量只好以光的形式放出，就像鐵放出的剛好是人眼能看見的紅外線或黃光。

延伸思考

1. 變色（Chromism）是指材料受到如光、溫度或電場等外部刺激而產生顏色的變化，除了熱致變色，還有光致變色、電致變色、壓致變色等。電致變色的技術在市場上已經應用在節能智慧窗、汽車天窗及防眩光後視鏡等方面了，有興趣請上網查詢「熱、電致變色的技術」還有哪些應用。

科學少年 好書大家讀

多讀書有益健康！

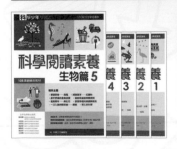
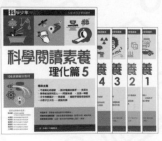
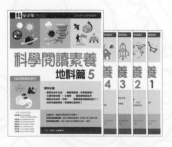

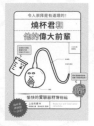

解答

聰明玩「油」戲

1.（2） 2.（1） 3.（3） 4.（4） 5.（1） 6.（4） 7.（2）

8.（3） 二者混合加熱後產生酯類，稱為乙酸乙酯，加上濃硫酸為催化作用

9.（3） 豬油的安定性可做判斷，飽和脂肪酸通常較不容易氧化變質

10.（4） 盡量使用低溫短時間與用飽和脂肪酸油炸食物

測速照相：再快都抓得住！

1.（2） 2.（1） 3.（1） 4.（4）

好吃又好玩：彩色涼麵

1.（2） 2.（3） 3.（2） 4.（3）

家庭用電小學堂

1.（1）（2）（3） 2.（1）（3）（4） 3.（1）（2）（3）（4） 是非題：1.（O） 2.（X）

夢幻漸層飲品──蝶豆花茶

1.（4） 2.（1）（4） 3.（1） 4.（1）（2）（3）（4）

光影調色盤──彩色影子

1.（2） 2.（2） 3.（4） 4.（1） 5.（4）

讓電池 LEVEL UP ──石墨烯

1.（2） 2.（1） 3.（3） 4.（4）

熱情繽紛──奇幻的熱致變色

1.（2） 2.（3）（4） 3.（1）（4） 4.（1）（2）

科學少年學習誌
科學閱讀素養 ◆理化篇 1

編者／科學少年編輯部
封面設計／趙璦
美術編輯／沈宜蓉、趙璦
特約編輯／歐宇甜
出版六部總編輯／陳雅茜

發行人／王榮文
出版發行／遠流出版事業股份有限公司
地址／臺北市中山北路一段 11 號 13 樓
電話／02-2571-0297　傳真／02-2571-0197
郵撥／0189456-1
遠流博識網／www.ylib.com　電子信箱／ylib@ylib.com
ISBN ／ 978-957-32-8771-1
2020 年 5 月 1 日初版
2024 年 7 月 5 日初版十刷
版權所有‧翻印必究
定價‧新臺幣 200 元

國家圖書館出版品預行編目

科學少年學習誌：科學閱讀素養理化篇1／科
學少年編輯部編 . --初版 . --臺北市：遠流，
2020.05

88面；21×28公分 .

ISBN 978-957-32-8771-1（平裝）

1. 科學 2. 青少年讀物

308　　　　　　　　　　　　　109005009